Happy 20th!!
Blythe

2001 年 Neo Blythe 再次現身日本，
她打破了大家對玩具商品的認知，
跳脫「人偶」或「時尚娃娃」的框架，
懂得聆聽粉絲和顧客內心的期望，
持續華麗變身，妝扮得更精緻可愛。
就讓我們一起回顧 Neo Blythe 的歷史，
看看她是如何一步步成為我們心中的夢幻娃娃。

Model：「巴黎河畔限定版」（2001 年 8 月）
Special thanks：Cross World Connections

BLYTHE is a trademark of Hasbro and is used with permission.
©2021 Hasbro. All Rights Reserved. Licensed by Hasbro. https://www.blythedoll.com

U0050418

History of Anniversary models

2001 年 6 月 23 日是 Neo Blythe 的生日！
讓我們一起回顧從那時至今的 20 年間，
每年販售了哪些特別的週年紀念版娃娃。

2010
9 週年紀念版娃娃
「Marabelle Melody」

以「漫畫」為主題，娃娃身上有迷你包包和手杖等漫畫元素的配件，設計上充滿玩心。向前正視的藍色眼珠瞳孔裡貼有鐳射貼紙，讓眼珠顯得更加閃亮。

2002
1 週年紀念版娃娃
「Miss Anniversary」

在 2001 年 6 月 23 日「巴爾可限定版」娃娃亮相的一年後，便不再使用一直以來的 Licca 素體，而改為專用的 Excellent 素體。因為生日在 6 月 23 日，所以限量生產了 623 個娃娃。

2009
8 週年紀念版娃娃
「Fashion Obsession Jenna」

Jenna 娃娃的人物設定為時尚雜誌的編輯。娃娃眼睛的規格特殊，每款眼珠都使用特殊色，尤其一款棕色的正視眼珠，其眼白的部分還有陰影色彩。

2003
2 週年紀念版娃娃
「Courtney TEZ by Nike」

這是 Blythe 第一次推出的聯名娃娃，合作對象為運動品牌「NIKE」。除了推出一般人尺寸和娃娃尺寸的 LOGO 包之外，還有太陽眼鏡和手錶等配件。限量販售 2003 個娃娃。

2008
7 週年紀念版娃娃
「Denizens of the Lake
Christina the Bride」
「Denizens of the Lake Eleanor
the Forest Dancer」

這次推出了 2 款紀念版娃娃，各 1004 個，共計 2008 個娃娃。Christina 為 Superior 臉模，Eleanor 為 Radiance 臉模，讓 2 種規格的擁護者都開心不已。

2004
3 週年紀念版娃娃
「Art Attack」

這年推出的週年版紀念娃娃改用「Superior」的新臉模。以 4 種主題設計了洋裝和飾品，還有假髮配件。這年也依照年份，只販售 2004 個數量的娃娃。

2006
5 週年紀念版娃娃
「Darling Diva」

這款紀念娃娃使用了初次上市的「Radiance」臉模，這是接續「Excellent」、「Superior」的第 3 款臉模。睫毛更加濃密、下巴線條更明顯，之後還造成一股 Radiance 臉模旋風。

2005
4 週年紀念版娃娃
「Cinema Princess」

這款紀念版娃娃的造型包括搭配閃亮皇冠的洋裝和酷帥馬術裝，而且還第一次挑戰改變眼皮的成型色，和使用特殊規格的睫毛。除此之外，還配有一張質感精緻的 1/6 小椅子。

2007
6 週年紀念版娃娃
「Princess a La Mode」

這款紀念娃娃搭配了大受個人訂製歡迎的「睡眼」規格！附上 2 條換眼拉繩，一條可以變換眼睛的顏色，一條可以調整眼皮的高度。

BLYTHE is a trademark of Hasbro and is used with permission.
©2021 Hasbro. All Rights Reserved. Licensed by Hasbro. https://www.blythedoll.com

2020

19 週年紀念版娃娃
「Tokyo Bright」

2017 年開始紀念版娃娃都使用經典的 Radiance Renew 半透明奶油肌的臉模。勾勒出嘴角的嘴唇、粉紅色的眼皮、特殊的睫毛設計等，將受大家歡迎的別緻設計集於一身。

2011

10 週年紀念版娃娃
「Ten Happy Memories」

這款紀念娃娃將 10 年的回憶全部化為繽紛燦爛的花朵，美麗得讓人難忘。眼皮的成型色改為明亮的米色，眼球的下線用珍珠白的色調打亮，如此細膩的眼妝蔚為話題。

2019

18 週年紀念版娃娃
「Leading Lady Lucy」

第一次用 Radiance Renew 臉模搭配睡眼設計。眼皮的成型色為亮棕色，再用棕色眼線拉長眼尾線條，還搭配了特殊睫毛，讓睡眼設計的眼妝充滿驚喜。

2012

11 週年紀念版娃娃
「Red Delicious」

從 11 週年開始紀念版娃娃的定位，由內容物豐富的特殊價格娃娃，調整為讓大家更好入手的娃娃。這款娃娃可調整成睡眼，眼皮的成型色為綠色，眼尾拉長，並且搭配特殊的睫毛和貼有鐳射貼紙的眼珠。

2018

17 週年紀念版娃娃
「Unicorn Maiden」

這是一款充滿特殊設計的娃娃，使用半透明奶油肌，並且第一次將眼皮改為珍珠粉紅色，還在眼尾畫出彩色的貓眼眼線。向前正視的眼睛則貼有星空圖案，而嘴唇以暈染手法上妝後，又勾勒出嘴角的唇線。

2013

12 週年紀念版娃娃
「Allie Gabrielle」

Allie 充滿名媛氣質，造型華麗。粉紅金的植髮不是使用經典的 Saran 線，而是經過特別訂製。眼珠的設計包括 3 款眼白搭配金屬色的眼珠，以及一款貼有鐳射貼紙的眼珠，讓娃娃的眼睛魅力無懈可擊。

2017

16 週年紀念版娃娃
「Garden of Joy」

夾帶著極高的人氣，16 週年的紀念版娃娃仍舊沿用半透明的奶油肌、明亮的眼睛和亮棕色的特殊睫毛。澎潤的嘴唇也令人著迷。這是紀念版娃娃系列第一次使用 Radiance Renew 臉模。

2014

13 週年紀念版娃娃
「Regina Erwen」

第一次將臉部改為霧面規格（將表面消光）的半透明肌（使用有透明感的樹脂材料）。嘴唇設計成往唇線暈染的唇妝，並且用特別的色彩勾勒出嘴角線條。

2016

15 週年紀念版娃娃
「Allegra Champagne」

順應 Dauphine 的高人氣，沿用半透明的奶油肌、明亮的眼睛和棕色睫毛。另外，改變了嘴唇的上下用色，凸顯立體唇形。服裝上用金色的長禮洋裝，為迎向 15 年的里程碑增添華麗色彩，令人印象深刻。

2015

14 週年紀念版娃娃
「Dauphine Dream」

這款紀念版娃娃延續 Regina 的嘴角線條和暈染唇妝。肌膚純淨白皙（奶油色），眼睛是高明度的粉色調，再加上棕色睫毛，身穿色彩明亮的洛可可服裝。

Look Back on Blythe's mechanics

自 2001 年 Neo Blythe 誕生的 20 年間，
創造了 2 種素體和 6 種臉模。
讓我們細細對照 Neo Blythe 隨著時代產生的變化。

Licca Body

只在第一年使用 Takara Tomy 的 Licca 素體，
特徵是手腳纖細又柔軟。
臀部較小，手臂往內呈弧形。

Excellent Body

這款素體重現了和復古 Blythe 相同的尺寸。
腳可以分成 3 階段彎折。
模具更新頻繁，可以從背後的刻印知道所屬年份。

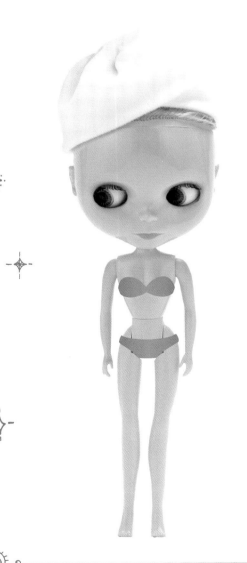

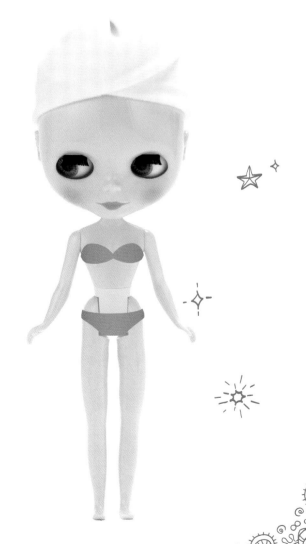

Excellent - エクセレント -

2001 年推出「巴爾可限定版」時使用的第一款臉模。眼眶相形之下較小，眼睛位置較深，從側面看時都不會顯露。眼皮較高，睫毛又細又稀疏，眼睛大又有神。眼睛的眼白部分在推出後的 1 年間頻頻微調，相較於初期的眼睛明顯看向一邊，後期的眼睛稍微向前看（照片為初期的樣式）。

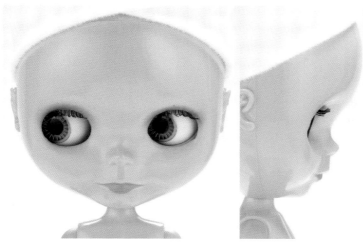

Model：「Mondrian」
▲初期眼睛的特徵是看向一邊時，眼白中間呈現一條分隔線，而且眼白的成型色明顯較白。

▲「All Gold in One」
（2001 年 12 月）
這是在問世第 1 年使用的 Excellent 素體娃娃。臉模為霧面肌的規體的初期娃娃，臉模使用 Licca 素體的

▲「Asian Butterfly」
（2002 年 9 月）
這是接續在 1 週年紀念娃娃後的 Excellent 素體娃娃，眼睛也是全新設計，從看向一邊稍微往正面移動。

▲「Cinnamon Girl」
（2003 年 2 月）
這是第一款褐色肌膚的娃娃，素體的成型色都為日曬色，搭配的裸色唇妝也給人煥然一新的感覺。

▲「Samedi Marche」
（2004 年 9 月）
2003 年開始推出 Superior 臉模，Samedi Marche 成了最後推出一款使用 Excellent 臉模的娃娃，之後就停止使用 Excellent 臉模。

Superior - スペリオール -

為了將 Excellent 的有神大眼變得更復古，將復古 Blythe 的臉型 3D 掃描後，當作基準製作出 Superior 臉模。新臉模的眼眶變大，從側面看可以看到眼睛。眼皮的位置往下，睫毛也變得又粗又濃密。另外，下巴感覺上從較平緩的弧度稍微往下拉長。這款娃娃在初期時眼睛偏往下看，4 個月後逐漸微調（照片為初期的樣式）。

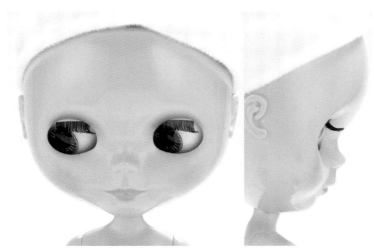

Model：「Very Inspired by Pow Wow Poncho」
只有初期 2003 年 12 月到 2004 年 3 月的 4 個娃娃眼睛偏往下看

▲「Superior Skate」
（2003 年 12 月）
眼睛的視線朝下，屬於初期的眼睛設計。在當時很流行將眼睛的視線改造成朝上看。

▲「Lounging Lovely」
（2004 年 5 月）
經過微調後，原本朝下看的眼神稍稍抬高，流露復古娃娃的氛圍。

▲「Tommy February Blythe」
（2005 年 10 月）
由於參與 Tommy February6 的宣傳影片，誕生了這款聯名娃娃，背後還有刺青。

▲「Frosty Frock」
（2008 年 11 月）
2006 年推出 Radiance 臉模後，Frosty Frock 成了最後一款使用 Superior 臉模的娃娃，之後就停止使用 Superior 臉模。

BLYTHE is a trademark of Hasbro and is used with permission.
©2021 Hasbro. All Rights Reserved. Licensed by Hasbro. https://www.blythedoll.com

Radiance - ラディエンス -

Radiance 有「閃耀」的含意，承接了 Superior 臉模的大眼眶，下巴下方做成俐落的輪廓線條。鼻尖到下巴的距離縮短，脣形線條顯得更為分明。從側面看，甚至可看到黑眼珠的部分。睫毛比起 Superior 臉模稍短，卻變得又粗又濃密。嘴唇等化妝類型多變，成為延續至今的 Radiance 系列基礎。

▶「Star Dancer」
（2006年11月）
在5週年紀念版娃娃之後，第一個使用這款日曬模的普通版娃娃。肌膚為比小麥肌稍亮的日曬肌。

▶「Ultimate Tour」
（2007年3月）
這款是 momolita 聯名娃娃。嘴角的線條、下巴的陰影、眼睛下方的珍珠色等妝容都讓臉部更加立體。

▶「Margo Unique Girl」
（2012年3月）
這款是 miyuki odani 聯名娃娃，使用復古風的半透明肌，搭配澎潤的嘴唇。

▶「Penny Precious」
（2013年7月）
這是最後一款使用 Radiance 臉模的娃娃，2013年8月後都改用 Radiance plus 臉模。

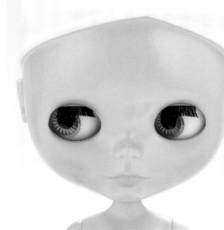

Model：「Prima Dolly Melon」
▲從側面可以看出下巴的位置和角度比 Superior 臉模往下。

Fairest - フェアレスト -

Excellent 臉模受到大眾極大的歡迎，Fairest 臉模利用近似的造型和配置等重現出類似的樣子。眼眶和嘴巴等整體設計得較小，眼睛位置也較深，因此從側面看不到眼睛。睫毛和 Radiance 臉模一樣又粗又濃密，眼眶與其說縮小了，倒不如說和眼珠之間更為緊密。耳朵、鼻子和嘴巴等細節造型比 Excellent 臉模顯得稍微柔和一些。

▶「Bloomy Bloomsbury」
（2009年3月）
第一次推出的 Fairest 臉模娃娃，也是一款 Jane Marple 聯名娃娃。

▶「Very Vicky」
（2010年8月）
右眼下方的黑痣和氣質柔和的臉型頰為相襯，是 Fairest 臉模的代表性娃娃。

▶「Wendy Weekender」
（2013年6月）
用明亮的薄荷綠髮色變身為造型新潮的娃娃，還備有心型的太陽眼鏡。

▶「Cherie Babette」
（2016年2月）
這是第一次使用 Fairest 臉模，搭配澎潤嘴唇的半透明肌娃娃，也是最後一款使用 Fairest 臉模的娃娃，自此停止使用。

Model：「Zinochika」
▲部件大小和配置都承襲了 Excellent，整體造型較為柔和。

☆ Radiance plus · ラディエンス＋ ·

這是繼 2013 年 8 月的「Hi-Ho Marine」所採用的新款臉模，基本的外型和之前的設計都近似 Radiance 人偶系列。雖然乍看之下似乎沒有一眼可明顯的進步，但臉部改動時的簡易性和固定螺絲的方式也有改進，也因為重新訂製的設計變更，整體比例變得更苗條一般，這就是大家最熟悉的 Radiance 的模組追加改良版。

Model：「Les Jeanotte」
▲此款臉模幾乎完全沿用了以往的 Radiance 脸模設計。

▲「Hi-Ho Marine」
（2013 年 8 月）
以此為基礎開始採用 Radiance plus 的臉模，受到熱烈好評。

▲「Royal Soliloquy」
（2013 年 11 月）
第一次採用深色肌的設計。

▲「Blythe Adores Anna」
（2017 年 1 月）

▲「Fani Flamingo」
（2019 年 6 月）
為 Radiance plus 的臉模。

☆ Radiance Renew · ラディエンスリニュー ·

從 2017 年 5 月的「Gracey Chantilly」開始使用的新款臉模，外型和 Radiance、Radiance plus 差距不大，但是大幅更改了頭皮的構造。至今和臉部黏合的頭皮改為鉤扣固定，因此只要鬆開螺絲就可拆除，非常方便頭皮訂製。另外素體的脖子關節改成又粗又大的凸出部件，因此增加了牢固度。

Model：「Jillian's Dream」
▲部件位置和大小幾乎和歷代的 Radiance 臉模大同小異。頭皮構造的進化令人激賞。

▲「Gracey Chantilly」
（2017 年 5 月）
第一次亮相的 Radiance Renew 臉模娃娃，受到顧客的熱烈好評。

▲「Pineapple Princess」
（2017 年 7 月）
比日曬肌（拿鐵色）深度還深的黑肌，最初為半透明的設計。

▼「Time After Alice」
（2019 年 8 月）
嘴唇經過遮罩工具噴漆塗上淡色後，再稍微深一點的顏色暈染，妝容相當細膩。

▼「Daunting Drusilla」
（2019 年 10 月）
白肌（雪白）搭配紅唇、深紫色直髮，充滿濃濃的哥德風元素。

BLYTHE is a trademark of Hasbro and is used with permission
©2021 Hasbro. All Rights Reserved. Licensed by Hasbro. https://www.blythedoll.com

Blythe New

來到第 20 年 Blythe 依然新作不斷！！
我們將介紹 2020 年冬天到 2021 年春天
推出的娃娃和 20 週年紀念小物。
※價格全部為「含稅」金額，內有部分商品已停止販售。

Junie Moon（CWC 直營店）　http://shop.juniemoon.jp

**CWC 限定 Neo Blythe
「Princess Shirley Blythe」**
●27,390 日圓　●2020 年 12 月發售
▲娃娃完美重現了 Shirley Temple 品
牌服飾，使用 Radiance Renew 臉模
的半透明奶油肌。

**Hasbro 限定 Neo Blythe
「Charming Crystalline」**
●26,180 日圓　●2020 年 12 月發售
▲可愛的 Crystalline 使用了 Radiance
Renew 臉模的雪白肌，搭配淡淡的橄欖
色眼皮，是 Hasbro 限定的進口商品。

**CWC 限定 Neo Blythe
「Longing for Love」**
●19,690 日圓　●2020 年 12 月發售
▲別上緞帶徽章的貝雷帽，以及搭配酷
帥的騎士外套，穿搭出高級質感！使用
Radiance Renew 臉模的自然肌。

**CWC 限定「hello again Junie
Moonie Cutie」**
●19,690 日圓　●2021 年 3 月發售
▲2014 年深受歡迎的娃娃，金髮搭配藍
色系洋裝再次現身。肌膚為 Radiance
Renew 臉模的半透明奶油肌。

「Blythe Graceful Doll Bag」
●各 6,380 日圓
●2021 年 3 月發售
▲隨身攜帶 Blythe！還開了一扇
小窗，讓你看到 Blythe 的臉。

**CWC 限定 Middie Blythe
「Apple Jamlicious」**
●14,190 日圓　●2020 年 11 月發售
全高 17.5cm 的 Middie Blythe 新作，
設計概念為果醬瓶的超可愛組合！

●CWC 限定「Spring Hope」
●24200 日圓
●預定 2021 年 5 月發售

●TOPSHOP 限定 Neo Blythe
「Zyanya Remembers」
●21450 日圓
●預定 2021 年 4 月發售

**Neo Blythe
「Plaid Parade」**
●23,650 日圓　●2020 年 11 月發售
▲拿破崙外套和帽子流蘇，令人讚嘆連
連的服裝造型，使用 Radiance Renew
臉模的奶油肌。

「Blythe's Cute Coloring Book」
●480 日圓　●2020 年 10 月發售
▲居家良伴

▶Blythe 20 週年紀念 Sticker Set
●770 日圓
●2021 年 3 月發售
直徑約 10cm 左右，共 3 張。

**Blythe 20 週年紀念
Tote Bag S 尺寸**
●2,750 日圓
●2021 年 3 月發售
▲尺寸為 W30cm×H20cm×
D10cm，提把大約 29cm

**Blythe 20 週年紀念
Can Mirror**
●638 日圓
●2021 年 3 月發售
▲歷代人氣娃娃大集合！
直徑約 7.6cm

商品洽詢：Cross World Connections　www.blythedoll.com

BLYTHE is a trademark of Hasbro and is used with permission.
©2021 Hasbro. All Rights Reserved. Licensed by Hasbro. https://www.blythedoll.com

Sewing for Blythe

bonbon du coton × Miina Rinnut

慶祝 20 歲的 Blythe，我們邀請了
Miina Rinnut 和 bonbon du coton
設計新的洋裝。
歡迎大家一起進入有趣的手作世界，
沉浸在刺繡和小配件的袖珍迷你創作中。

photo：takayuki katsura

miina rinnut
裁縫學校畢業後，開始為了 Blythe 製作
服裝。2017 年不但在 Junie Moon 代官
山舉辦雙人展，還在大阪舉辦活動。
https://www.miinarinnut.com
instagram▶miina_rinnut

model：
左：「Midnight Spell（2010）」
右：「Leading Lady Lucy（2019）」

bonbon du coton

曾經從事布料品質的檢驗工作，2011 年
開始製作人偶服裝。2017 年在雛人展中
遺舉辦了刺繡工作坊。
https://bonbonducoton.jp
instagram▶bonbonducoton

model：
左：「Aztec Arrival Inspired（2002）」
右：「Phoebe Maybe（2011）」

BLYTHE is a trademark of Hasbro and is used with permission.
©2021 Hasbro. All Rights Reserved. Licensed by Hasbro. https://www.blythedoll.com

miina rinnut
「返回花店的套裝」

model：
左：「Ayanami Rei meats Blythe（2012）訂製髮型」
右：「Devi Delacour（2016）」

bonbon du coton

「棉柔套衫和春日庭院裙」

model：
左：「Ten Happy Memories（2011）」
右：「Midnight Spell（2010）」

BLYTHE is a trademark of Hasbro and is used with permission.
©2021 Hasbro. All Rights Reserved. Licensed by Hasbro. https://www.blythedoll.com

model：
左：「Skate Date（2002）」
右：「Aztec Arrival Inspired（2002）」

bonbon du coton
「小野花連身裙」

model：
左：「Phoebe Maybe（2011）」
右：「Leading Lady Lucy（2019）」

Miina Rinnut
「貓咪包包和散步洋裝套裝」

BLYTHE is a trademark of Hasbro and is used with permission.
©2021 Hasbro. All Rights Reserved. Licensed by Hasbro. https://www.blythedoll.com

「小野花連身裙」
by bonbon du coton

Material [長×寬]

<連身裙>
□印花棉布（上身）…20cm×37cm
□細棉布（衣領裡布）…10cm×10cm
□布襯…5cm×5cm
□單邊荷葉邊沙丁緞帶…20cm
□5mm 小花邊蕾絲緞帶…40cm
□魔鬼氈…0.8cm×5cm
□4 條芯鬆緊帶…12cm
□3.5mm 刺繡緞帶…20cm
□珍珠小圓珠…適量
□刺繡線…適量
<襪子>
□針織布…15cm×15cm

6.

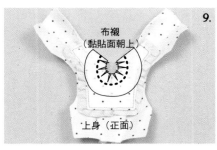

翻回正面用熨斗整燙，荷葉邊緞帶露出衣領外側邊緣重疊後，用珠針固定（也可以用布用接著劑）。

7.

從正面加上縫線，將緞帶縫在衣領。

1.

依照紙型裁剪布料，邊緣先經過防綻處理。

8.

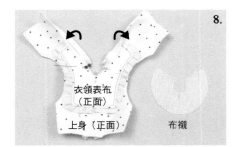

將衣領（正面朝上）重疊放在上身正面，中心對齊後用珠針固定。上身後開口反摺固定，將黏貼面朝上的布襯放在上面。

4.

「衣領」表布和裡布正面相對重疊，沿著外圍縫合。

2.

縫出「前上身」和「後上身」的打褶，縫份往內側倒。

9.

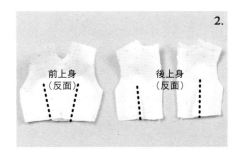

將整塊布襯縫在領圍完成線的位置。在縫份剪出細細的牙口。

5.

留下約 2mm 的縫份後，剪去多餘的部分。剪去邊角後，在弧線部分剪出牙口。

3.

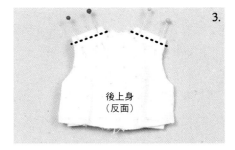

前後上身的肩線正面相對縫合，並且將縫份燙開。

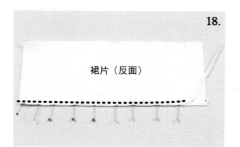

18.

裙片（反面）

「裙片」的裙擺縫份沿著完成線摺起後，將小花邊蕾絲緞帶放在裙擺邊緣的位置，並從正面可稍微看到花邊的位置加上縫線。

19.

在腰圍縫份加上 2 條碎褶用的車縫線（相距 3mm 寬，前後保留一定長度的線端）。收緊下線做出碎褶。

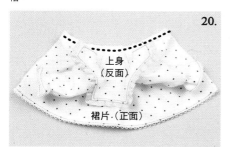

20.

上身
（反面）

裙片（正面）

上身和裙片正面相對重疊，將腰圍縫合。

21.

縫份往上身倒，加上壓縫線。

14.

袖子（正面）

在袖山縫份縫上 2 條碎褶用的縫線（相距 3mm 寬，前後保留一定長度的線端）。收緊下線做出碎褶。

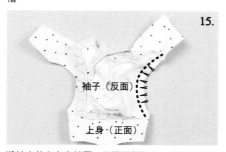

15.

袖子（反面）

上身（正面）

將袖山放在上身袖圍，正面相對縫合。在縫份的弧線部分剪出牙口，另一邊的袖子也用相同作法縫製。

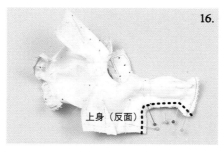

16.

上身（反面）

上身正面對摺，將側邊縫合。

17.

另一邊側邊也用相同作法縫合，將側邊縫份邊開後翻回正面。

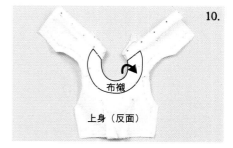

10.

布襯

上身（反面）

將布襯和後開口翻回反面，用熨斗牢牢黏燙。

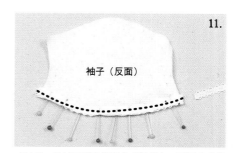

11.

袖子（反面）

「袖子」的袖口縫份沿著完成線摺起，再將小花邊蕾絲緞帶放在袖口邊緣，並從正面可稍微看到花邊的位置加上縫線。

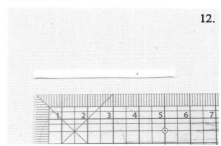

12.

準備 6cm 的 4 條芯鬆緊帶，在距離邊緣 4cm 處標註記號。

13.

將鬆緊帶的邊緣對齊袖子反面的鬆緊帶縫合位置，並且用針穿過，再一邊拉緊鬆緊帶，一邊將記號的位置縫在袖子另一側。

30.

葉片和樹木果實的刺繡完成。

31.

同樣在連身裙的裙襬加上刺繡,連身裙即完成。

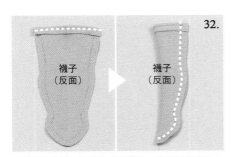

32.

「襪子」的襪口沿著完成線摺起,使用針織線加上縫線後,正面對摺縫合邊緣。

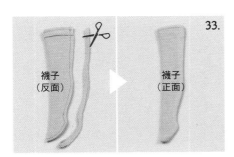

33.

留下約 2mm 的縫份後,剪去多餘的部分,翻回正面,襪子完成。

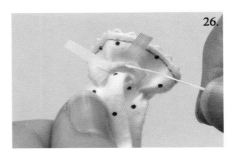

26.

用緞帶做成一個蝴蝶結,並且在緞帶末端塗上防綻液後縫在袖口。

27.

在衣領描繪刺繡圖案。

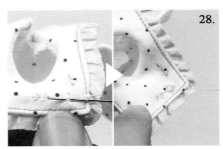

28.

串珠針穿線後從衣領反面刺入,將圓珠一一縫在標記的位置。

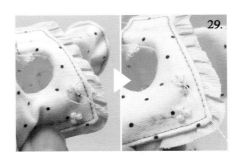

29.

用一條刺繡線以直針繡加上圖案。先縫出上段的中央線條,葉片部分的縫線維持浮線,再用下一段中央線條的第一個針腳固定縫線,形成 U 型。

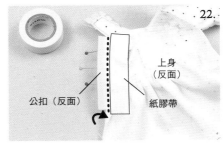

22.

左後開口的縫份沿著完成線摺起,放上魔鬼氈公扣並且超出正面邊緣,縫合時用紙膠帶固定邊緣以免偏移。

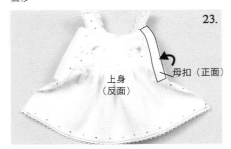

23.

右後開口也沿著完成線摺起,將魔鬼氈母扣放在反面後縫合。

24.

正面對摺,將後中心從裙襬縫合至開口止點。

25.

後衣領的領尖邊緣稍微縫合固定,避免翹起。

18

「棉柔套衫」
「春日庭院裙」
by bonbon du coton

Material [長×寬]

<套衫>
□棉質巴厘紗…21cm×30cm
□魔鬼氈…0.8cm×5.5cm
□珍珠小圓珠…2 顆
□3.5mm 刺繡緞帶…30cm

<裙子>
□高密度平織棉布…20cm×25cm
□5mm 按扣…1 組
□2mm 金屬圓珠…2 顆
□羊毛氈燙布貼…2cm×3cm
□3.5mm 刺繡緞帶…適量
□刺繡線…適量

6.

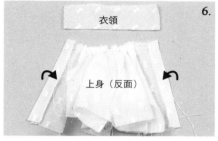

上身後開口縫份（0.7cm）往反面摺，將下線對齊衣領完成線的寬度收緊做出碎褶。

7.

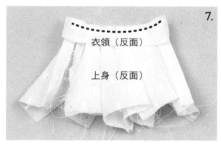

將「衣領」的反面重疊在上身的反面，將衣領對齊上身完成線的位置（衣領縫份會超出上身邊緣）後縫合。

8.

留下約 3mm 縫份後，剪去多餘的部分。

9.

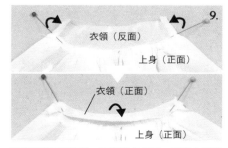

將衣領翻回正面後，兩側縫份摺起，再將衣領摺半。

1.

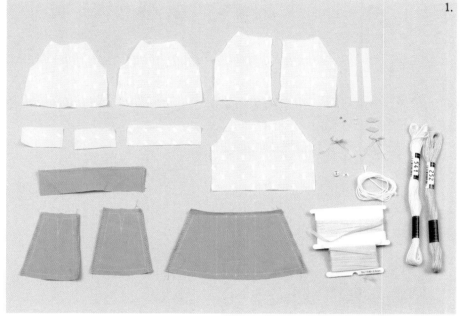

依照紙型裁剪布料，邊緣先經過防綻處理。

4.

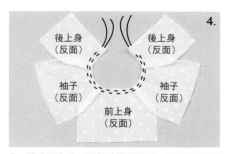

另一邊也縫合後，用熨斗燙開縫份。領圍縫份距離後開口邊緣 1.5cm 處，加上 2 條碎褶用車縫線（相距 3mm 寬，前後保留一定長度的線端）。

5.

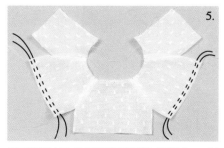

袖口縫份也加上 2 條碎褶用車縫線（相距 3mm 寬，前後保留一定長度的線端）。

2.

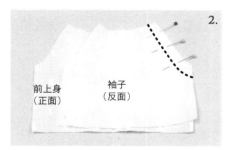

「前上身」和「袖子」正面相對縫合。

3.

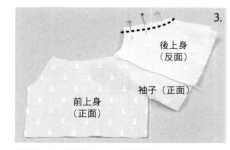

「袖子」和「後上身」正面相對縫合。

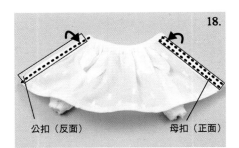

18.

將後開口的縫份翻回，並將魔鬼氈母扣縫在右後開口，公扣則縫在左後開口並且超出邊緣。

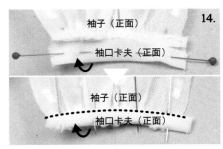

14.

將袖口卡夫翻回正面後，像包覆縫份般沿著完成線摺起，用珠針固定後，從正面加上縫線。

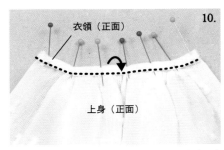

10.

衣領像包覆縫份般沿著完成線摺起，用珠針固定後，從正面加上縫線。

19.

串珠針穿線後，將圓珠縫在袖口卡夫。

15.

上身正面對摺，縫合上身衣襬→側邊→袖口。

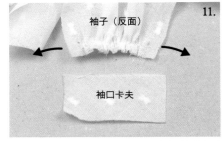

11.

袖口也依照「袖口卡夫」的寬度收緊下線做出碎褶。

20.

用緞帶做成蝴蝶結，並在緞帶末端塗上防綻液後，縫在衣領的左右邊。

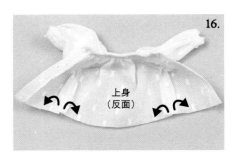

16.

翻回正面，將側邊縫份燙開。

12.

將「袖口卡夫」反面放在袖口反面，將袖子和袖口卡夫縫合。

21.

套衫完成。

17.

將後開口縫份打開，將衣襬沿著完成線摺起後縫線。

13.

留下約 3mm 的縫份後，剪去多餘的部分。

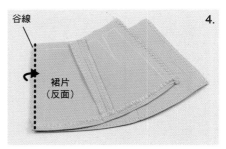

9.

將腰帶放在裙片腰圍，在右後裙片的縫份摺起的狀態下，正面相對縫合。

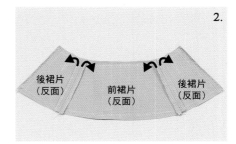

5.

山線

裙片（正面）

在褶襴的山線摺出摺痕，並用熨斗壓燙。

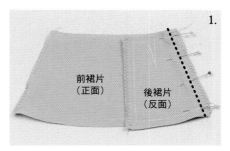

1.

前裙片（正面）　後裙片（反面）

將「前裙片」和「後裙片」正面相對縫合。

10.

腰帶（反面）

裙片（反面）

將腰帶翻回正面。

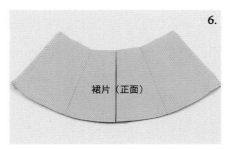

6.

裙片（正面）

另一邊也用相同方法作業。

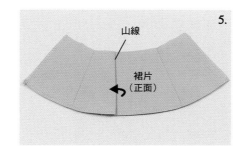

2.

後裙片（反面）　前裙片（反面）　後裙片（反面）

另一邊也用相同方法縫合並燙開縫份。

11.

裙片（反面）

腰帶右邊縫份反摺後，從腰帶的寬邊（9mm 處）摺起，用珠針固定。

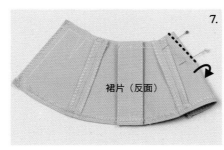

7.

裙片（反面）

將後裙片的打褶正面對摺縫線。縫份往後開口倒。

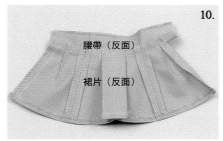

3.

裙片（反面）

將裙擺沿著完成線摺起並加上縫線。

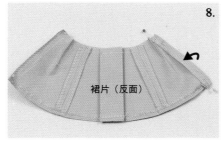

12.

裙片（正面）

從正面加上定位縫（在裙片側的交界處邊緣加上縫線）。

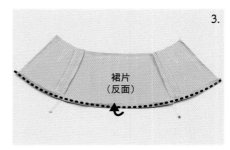

8.

裙片（反面）

只將右後裙片的後開口縫份沿著完成線摺起。

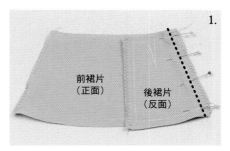

4.

谷線

裙片（反面）

在褶襴的谷線摺出摺痕並在褶痕的邊緣加上縫線。

21.

慢慢收緊縫線。

17.

以一條刺繡線用直針繡縫出花莖後,放上羊毛氈燙布貼黏合。

13.

開口止點

裙片
(反面)

正面對摺,將後中心從裙襬縫合至開口止點。

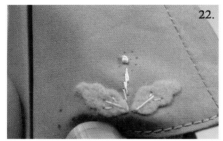

22.

結成一顆小圓球的刺繡,法式結粒繡完成。

18.

在羊毛氈上加上縫線。

14.

裙片
(正面)

將按扣縫在後開口。

23.

以相同方法大概做出 10 顆,仔細配置、平均分布,花朵即完成。

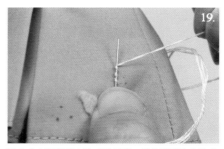

19.

以 3 條刺繡線縫出法式結粒繡。縫線從記號位置處穿出,將縫線繞針 3 圈後收緊打結。

15.

將圓珠縫在腰帶的左右邊。

24.

以 2 條刺繡線依照 P.18 的步驟 29 縫出葉片刺繡。

20.

將針刺進縫線穿出的位置邊緣。

16.

在前裙片描繪刺繡圖案。

33.

緞帶也像一般的縫線在反面打結固定即完成。

29.

首先縫製葉片。依照底稿從反面穿針拉出緞帶。

25.

以法式結粒繡縫出果實等，自由設計的刺繡之樂。

34.

用相同方法縫製出鬱金香，先在中央縫出一片花瓣。

30.

將葉片放置在底稿葉片尖端，從上方將針刺入。

26.

接著嘗試緞帶刺繡。將緞帶穿過緞帶刺繡用的針。

35.

左右重疊後縫上花瓣，就完成鬱金香的形狀。

31.

將針穿出，並且拉出緞帶。

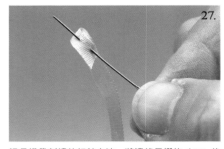

27.

這是緞帶刺繡的打結方法。將邊緣反摺約 1cm 後用針刺入。

36.

加上以春天庭院為意象的刺繡，裙子即完成。

32.

葉片形狀完成。

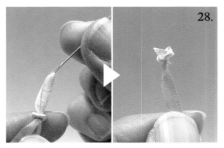

28.

針穿過後拉出緞帶就會在末端形成一個結。到此準備工作結束。

「返回花店的套裝」
by miina rinnut

Material [長×寬]

<套衫>
- 印花棉布（套衫）…20cm×20cm
- 細棉布（衣領）…10cm×4cm
- 細棉布（蝴蝶結）…5cm×6cm
- 布襯…5cm×5cm
- 魔鬼氈…0.8cm×5.5cm
- 彈性拷克線…適量

<裙子>
- 軋別丁布（裙子）…20cm×10cm
- 混麻布料（腰帶）…20cm×15cm
- 4mm 圓鈕扣…2 顆
- 5mm 按扣…1 組

6.

袖子正面朝上，在裝飾抽褶的位置加上縫線。不要用迴針縫，將前後線保留一定長度。

1.

依照紙型裁剪布料，邊緣先經過防綻處理。

7.

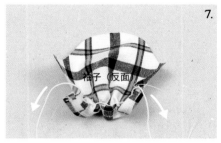

將下線的彈性拷克線收緊至 4.5cm 後，將兩邊的上線和彈性拷克線打結固定，剪去多餘的部分。

4.

袖子（反面）

將「袖子」袖口的縫份沿著完成線摺起，並加上縫線。

2.

後上身（反面）　前上身（反面）　後上身（反面）

縫出套衫「前上身」和「後上身」的打褶，將縫份往側邊倒。

8.

上身（反面）

袖子（反面）

在袖山和袖圍縫份的弧線部分剪出牙口後，將袖子和上身正面相對以疏縫縫合。

5.

準備用於袖子裝飾抽褶的彈性拷克線。一邊拉緊彈性拷克線，一邊捲繞在下線用的梭心，並且裝設在縫紉機的下線（上線無須更換）。

3.

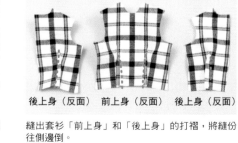

上身（反面）

將前後上身的肩線正面相對縫合，並將縫份燙開。

9.

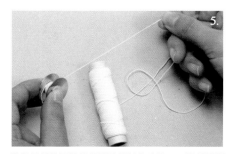

上身（反面）

袖子（反面）　　袖子（反面）

將袖子和上身縫合。將縫份往上身倒。

18.
上衣正面對摺,將袖口、側邊及衣襬縫合。

14.
布襯(黏貼面朝上)
將黏貼面朝上的布襯放在衣領上面,在後開口領圍完成線的位置縫線。

10.
上身(正面)
在袖圍加上壓縫線。另一邊也加上壓縫線。

19.
上身(反面)
翻回正面,將側邊縫份用熨斗燙開。

15.
在領圍縫份剪出 V 型牙口。布襯在後開口留下約 1mm 後,剪去多餘的部分。

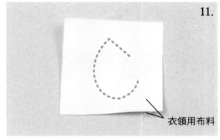
11.
衣領用布料
將粗略剪裁的 2 片衣領布料正面重疊,描繪出「衣領」的紙型,並在外圍加上縫線。

20.
上身(反面)
衣襬沿著完成線摺起並且加上縫線。

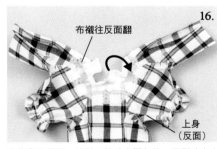
16.
布襯往反面翻
上身(反面)
布襯翻回反面,後開口縫份也摺起後,用熨斗牢牢黏燙。

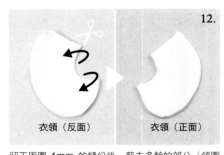
12.
衣領(反面)　衣領(正面)
留下周圍 1mm 的縫份後,剪去多餘的部分(領圍依照紙型,留下縫份 5mm 之後,剪去多餘的部分),邊緣塗上防綻液後翻回正面。

21.
上身(反面)
母扣(正面)　公扣(反面)
將魔鬼氈母扣縫在右後開口,將公扣縫在左後開口並且超出邊緣。

17.
衣領(正面)
上身(正面)
用熨斗整燙領圍和衣領。

13.
上身(正面)
衣領(正面)
將衣領(正面朝上)重疊在上身正面,對齊中心後用珠針固定。

將口袋放在前裙片並且加上縫線。

將前後裙片正面相對重疊後,將側邊縫合。

側邊縫份往後裙片倒後加上壓縫線。

將裙襬沿著完成線摺起。

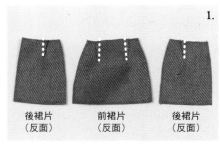

縫出「前裙片」和「後裙片」的打褶後,將縫份往側邊倒。

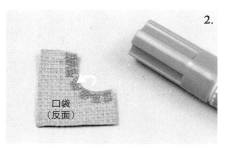

在「口袋」的袋口縫份剪出牙口,並且沿著完成線摺起後,用布用接著劑暫時固定。

縱邊和底邊縫份也沿著完成線摺起,並且用布用接著劑暫時固定。

在袋口加上縫線。

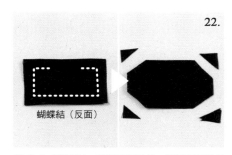

將 2 片「蝴蝶結」布料正面重疊,留下返口後縫合,並且剪去縫份的邊角。

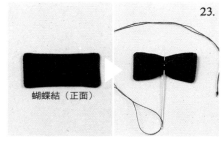

從返口翻回正面,用熨斗燙整後,在蝴蝶結的中心用平針縫縫線。

將縫線收緊,並且捲續 2～3 圈後,將蝴蝶結的下緣重疊縫合後調整形狀。

將蝴蝶結縫合在衣領下方後,為了不讓衣領的領尖翹起,稍微縫線固定,套衫完成。

17.

將縫份燙開。

18.

將按扣縫在後開口。

19.

將 4mm 鈕扣縫在腰帶兩邊，裙子完成。

13.
裙片
（反面）

將腰帶兩邊沿著完成線摺起後，用布用接著劑暫時固定。

14.

將腰帶在往反面反摺後，用布用接著劑暫時固定。

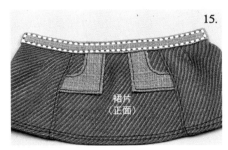
15.
裙片
（正面）

在腰帶縫上一圈縫線。

16.

裙片
（反面）

開口止點

將裙片正面對摺後，將後中心從裙襬縫至開口止點。

9.
裙片
（正面）

在裙襬縫上兩條壓縫線。

10.
裙片
（反面）

將裙片的後開口縫份沿著完成線摺起後，用布用接著劑暫時固定。

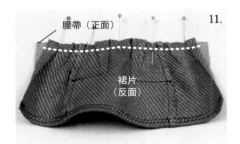
11.
腰帶（正面）

裙片
（反面）

將裙片和腰帶正面相對縫合。腰帶兩邊的縫份會超出邊緣。

12.
腰帶（反面）

裙片
（反面）

將腰帶翻回正面。

「貓咪包包和散步洋裝套裝」
by miina rinnut

Material [長×寬]
□印花棉布（上身／裙子）…45cm×25cm
□原點細布（抵肩）…10cm×5cm
□細棉布（衣領）…10cm×5cm
□雙縐綢（荷葉邊）…30cm×5cm
□斜紋棉布（腰帶）…20cm×15cm
□布襯…7cm×16cm
□3mm 圓珠…2 顆
□魔鬼氈…0.8cm×5.5cm

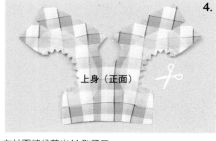

6.

「荷葉邊」正面向外對摺，在縫份內側縫上 2 條碎褶用的車縫線（相距 3mm 寬，前後保留一定長度的線端）。收緊下線做出碎褶。

1.

依照紙型裁剪布料，邊緣先經過防綻處理。

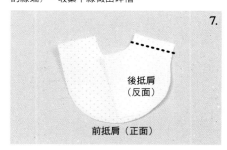

7.

將「前抵肩」和「後抵肩」正面重疊縫合肩線。將肩線縫份燙開。

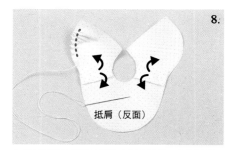

8.

在外圍弧線的縫份內側縫上平針縫後，收緊縫線，在縫份做出圓弧狀。

4.

在袖圍縫份剪出 V 型牙口。

2.

將「上身」的打褶正面對摺縫合。打褶往側邊倒。

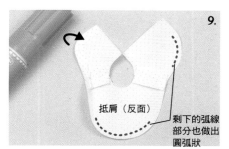

9.

將縫份沿著完成線的位置摺起，並且用布用接著劑暫時固定。

5.

將布襯翻回反面，將整個縫份用熨斗牢牢黏燙。

3.

上身翻回正面，放上黏貼面朝上的布襯，縫合袖圍。

18.

將布襯翻回反面,並且將後開口縫份摺起,再用熨斗牢牢黏燙。

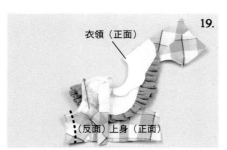

19.

衣領(正面)

(反面)上身(正面)

將上身正面對摺,並縫合側邊。

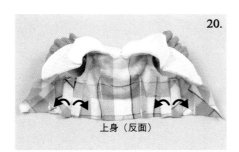

20.

上身(反面)

另一側邊也用相同方法縫製,並將側邊縫份燙開。

21.

裙片(反面)

在「裙片」裙襬縫份 7mm 的位置摺出摺痕並且縫線。如果使用車縫,利用「三捲車縫」就可使縫份顯得整齊美觀。

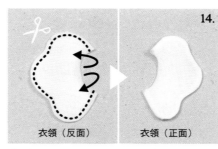

14.

衣領(反面)　　　　衣領(正面)

外圍留下約 1mm 的縫份後,剪去多餘的部分(領圍依照紙型,留下縫份 5mm 後,剪去多餘的部分),邊緣塗上防綻液後翻回正面。

15.

上身(正面)

將衣領重疊在上身和抵肩上面,對齊中心後用珠針固定。

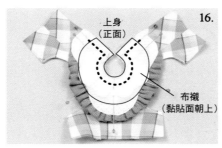

16.

上身(正面)

布襯(黏貼面朝上)

將黏貼面朝上的布襯放在上面,並且在後開口領圍完成線的位置縫線。

17.

在領圍縫份剪出 V 型牙口。布襯在後開口留下約 1mm 後,剪去多餘的部分。

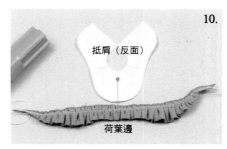

10.

抵肩(反面)

荷葉邊

將荷葉邊依照抵肩外圍的長度(約 14cm)收緊,對齊中心後用布用接著劑暫時固定。

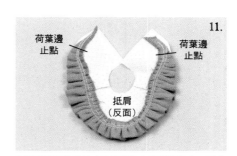

11.

荷葉邊止點　　　　荷葉邊止點

抵肩(反面)

在抵肩外圍縫份塗上接著劑後和荷葉邊黏合。黏合時要使荷葉邊從正面看起來收在荷葉止點。

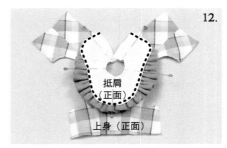

12.

抵肩(正面)

上身(正面)

將抵肩放在上身正面,在抵肩邊緣加上縫線和上身縫合。

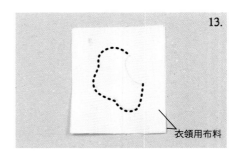

13.

衣領用布料

將粗略剪裁的 2 片衣領布料正面重疊,描繪出「衣領」紙型,並且在外圍加上縫線。

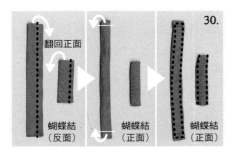

30.

「蝴蝶結」和「蝴蝶結中心」正面對摺縫線。翻回正面,只將「蝴蝶結」的兩邊反摺,加上一圈壓縫線。

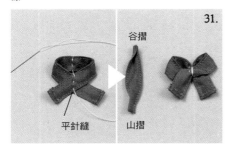

31.

谷摺

平針縫   山摺

將蝴蝶結摺出形狀後,在前後中心縫上平針縫並且打結固定。蝴蝶結中心在上下縱向扭轉摺起,並且用接著劑固定。

32.

將蝴蝶結中心捲繞在蝴蝶結打結處,並且用布用接著劑黏接後,剪去多餘的部分。

33.

領尖縫固定

用手縫將蝴蝶結縫在腰帶固定。衣領尖端也稍微縫固定避免翹起。依喜好縫上圓珠裝飾即完成。

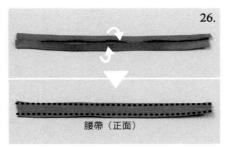

26.

腰帶(正面)

將「腰帶」縫份往內摺,加上縫線。

27.

將腰帶放在上身,只在左右兩邊縫線固定。

28.

公扣(反面)   母扣(正面)

上身(反面)

將魔鬼氈母扣縫在右後開口,將公扣縫在左後開口並且超出邊緣。

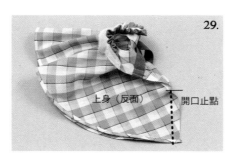

29.

上身(反面)   開口止點

正面重疊,將後中心從裙襬縫合至開口止點。將縫份燙開,翻回正面。

22.

裙片(反面)

在腰圍縫份內側縫上碎褶用的車縫線(相距 3mm寬,前後保留一定長度的線端,也可以用拷克機縫出碎褶線)。

23.

上身

裙片

依照上身腰圍寬度收緊下線並做出碎褶。

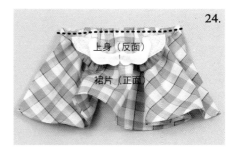

24.

上身(反面)

裙片(正面)

將上身和裙片正面重疊,縫合腰圍。

25.

縫份往上身倒,並且加上壓縫線。

Material [長×寬]
□ 短絨毛布…20cm×15cm
□ 3mm 圓珠（眼睛）…2 顆
□ 1.3mm 圓珠（鼻子）…1 顆
□ 顆粒棉…適量
□ 鍊子…6cm
□ 圓形扣環…2 個
□ 小 T 扣…1 組
□ 金線…適量

「貓咪包包」
by miina rinnut

6.

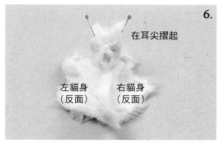

在耳尖摺起

左貓身（反面）　右貓身（反面）

打開未縫的貓臉部分，耳尖摺起，前後用珠針固定。

1.

留意毛流方向，依照紙型裁剪布料。

7.

左貓身（反面）　右貓身（反面）

將貓臉的前後縫合。

8.

左貓身（反面）

留下 2～3mm 的縫份後，剪去多餘的部分。

4.

右貓身（反面）

左貓身（正面）

將左右貓身部件的上半身正面相對後用珠針固定。

2.

左貓身（正面）

左貓腳（反面）

左側的「貓身」部件和「貓腳」部件正面相對後用珠針固定。

9.

左貓身（反面）

左貓腳（反面）

將左右貓腳部件的縫份重疊，留下返口後縫合。

5.

留下臉的部分

右貓身（反面）

右貓腳　　左貓身　　左貓腳

保留記號到記號的位置（貓臉部分）不縫，縫合上半身。這時請注意不要縫到貓腳部件的縫份。

3.

先將縫份摺起

在完成線的位置縫合下半身。縫合後將貓腳部件的縫份往外摺，右邊也用相同方法縫製。

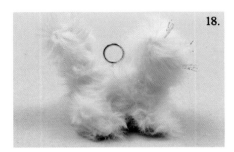

18.

將針穿入返口後再從背部穿出,再將小 T 扣的圈扣縫固定。

14.

確認兩邊對稱後在另一邊也縫上眼睛,再將 1.3mm 的圓珠縫在鼻子的位置。

10.

用鑷子等工具翻回正面。

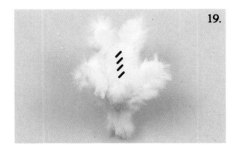

19.

用邊縫縫合返口。

15.

依照喜好選用臉的部件和調整平衡。

11.

從返口塞入適量的顆粒棉。

20.

用 C 型環將小 T 扣和鍊子相連。

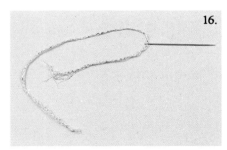

16.

將 6 條金線穿過針孔打一個大大的結。

12.

用錐針等工具挑起卡在縫線的毛。

21.

將鍊子的另一端固定在小 T 扣的圈扣,貓咪包包即完成。

17.

將針穿入返口,再從臉頰穿出,依喜好調整長度後,剪去多餘線端,耳毛和鬍鬚即完成。

13.

將針穿入返口再從臉部穿出,將 3mm 的圓珠縫在眼睛的位置。

Material [長×寬]
□布片花（勿忘草花瓣）…9 片
□布片花（雛菊葉片）…2 片
□1.3mm 圓珠…9 顆
□6mm 寬紙膠帶…適量
□花藝鐵絲…適量
□染料（黃色 5G、綠色 3GB）…適量
□7mm 寬絲質緞帶…適量
□花藝用接著劑…適量

「花束」
by miina rinnut

6.

圓珠的底部塗上專用接著劑，黏貼在花瓣上。

7.

依照花藝鐵絲的長度捲繞紙膠帶後，剪去多餘的膠帶。

1.

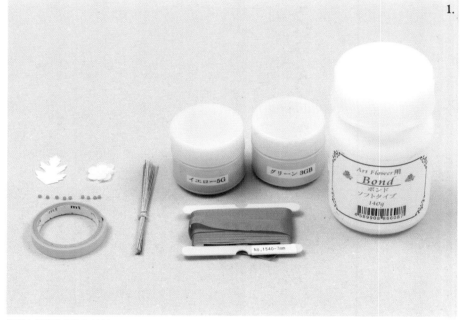

準備布片花的部件和材料。

8.

用相同的方法製作 9 朵花和 2 枝葉片，再用花藝鐵絲捆在一起。

4.

用電烙鐵將花瓣部件做出弧度，用錐子在中心開孔。

2.

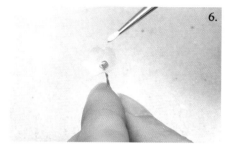

將布片花顏料溶解在熱水中，用筆將布片花染色。最好能出現一點不均勻色斑。

9.

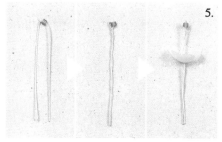

將緞帶綁在花藝鐵絲上，調整整體協調後花束即完成。

5.

花藝鐵絲穿過 1.3mm 圓珠，在中間對摺後捲繞在一起，再穿入花瓣。

3.

將專用接著劑塗在花藝鐵絲，黏在葉片反面。

Welcome ♡ to
Sugar Cup Wonderland!

▶ 1 月販售的 Candyruru
身穿粉紅色洋裝。牛奶粉紅
色的髮色搭配藍色蘇打色的
金屬眼珠。

▼ Dollybird 限定版娃娃身穿
薄荷藍洋裝。紫丁花的髮色搭
配紫色金屬眼珠。

本刊封面的娃娃為 SugarCups 的「Candyruru」，
這是 Azone International 在 2021 年開賣、當天完售的新臉模娃娃。
可愛的臉龐藏有滿滿的最新技術！包括娃娃眼珠和植髮頭蓋。
小巧的身體一如其名可放進茶杯，
而身上穿著的迷你洋裝，做工精緻得令人瞠目結舌！
這些服裝究竟是如何縫製而成？！
Dollybird 限定版娃娃的髮色和瞳孔改為紫色，洋裝則改為薄荷藍。
活動期間我們提供接單生產的服務，確保將娃娃送到你的手中♪

Miniature Funiture 製作 / Miniature Studio
©AZONE INTERNATIONAL ©Out of Base

Welcome to Sugar Cup Wonderland

Dollybird Limited ver.

Sugar Cups Candy LULU
～Welcome to Sugar Cup Wonderland！～

▶開襟衫裡搭配了白色上衣，上面還有色彩繽紛的鈕扣。附有鍊條的糖果肩背包也超級可愛♡

◀連身裙後面繫上偌大的蝴蝶結，充滿樂趣。娃娃的髮型設計絕佳，只要把辮子隱藏就成了鮑伯頭，建議大家可以試試看。

◀頭髮顏色是百搭的紫色，可以搭配棕色系的古典服飾，以及酷帥的單一色調服裝。

價格

18,700日圓

申購截止日

2021年6月30日（三）

商品寄送日

預定2022年2月～3月

※訂單量較大時，可能會有延後寄送的情況。在確定寄送日後，會以電子郵件通知您。若您的地址有所變更，敬請至線上商店的我的頁面更改資料。

▲限定版 Candyruru 的瞳孔以葡萄蘇打的糖果色調為意象，設計成顯色佳的金屬色，並且添加一顆星星，讓眼睛更加閃爍。

SugarCups「Candyruru～Welcome to Sugar Cup Wonderland！～（Dollybird 限定版）」

● 18,700 日圓（含稅） ●接單期間／2021 年 4 月 16 日～6 月 30 日

● 販售廠商／Hobby JAPAN
● 製造廠商／Azone International
● 角色與服裝設計／七海喜 tsuyuri
● 娃頭原型製作／Out of Base
● 素體／Picconeemo P（白肌）
● Picconeemo 素體企劃合作和原型製作／有限會社澤田工房
● 全高／約 13cm
● 服裝紙型製作／Sleep

● 眼珠／8mm Candyruru 專用虹膜（金屬色版）
※ 娃娃眼珠使用 OBITSU 製作所的尾櫃瞳。
● 套組內容／Candyruru 娃娃本體、髮箍、開襟衫、連身裙、裙撐、內褲、襪子、鞋子、肩背包、手部零件 5 種（包含已裝在本體的手）
■ 髮色：Lilac Purple（紫丁花紫色）
■ 瞳色：Grape Soda（葡萄蘇打）

請連結至「Hobby JAPAN 線上商店」申購。

http://hobbyjapan-shop.com

第一次至線上商店購物者，請先註冊會員。

【商品洽詢】
● 本商品相關洽詢敬請聯絡
株式會社 Hobby JAPAN 通訊販賣部
電話：03-5304-9114
（平日 10:00～12:00、13:00～17:00）
電子郵件：shop@hobbyjapan.co.jp

【購物相關注意事項】
○適齡對象為 15 歲以上。○本商品寄送與服務僅限於日本國內。○原則上寄送地址請填寫申購本人可收件的地址。○電話號碼請填寫平日 10:00～17:00 之間可聯繫的號碼。○每人最多申購 2 個娃。○本商品須預先全額付款。○付款方式可選擇至便利商店預先支付或使用信用卡付款。○申購後若未收到確認郵件，郵件可能因為電子郵件服務供應商的設定，移動至垃圾郵件資料夾，或是填寫的郵件地址有誤。若找不到郵件，請洽【商品洽詢】。○為了避免程序產生問題，請保存已收到的確認郵件直到收到商品。○超過申購截止日，不論任何原因，一律視為無效。即便顧客未能於截止日前申購，恕不受理本刊物的退貨。

【退換貨相關事宜】
○關於本刊的通訊販賣相關洽詢敬請聯絡 Hobby JAPAN。○若收到非訂購的商品或商品有破損，將以換貨的方式處理。詳細請查閱收件中的書面說明。○此為接單生產的商品，所以恕不接受不良品以外的退貨與訂單取消。○因為顧客本身的疏失導致下錯訂單，或製造上包括包裝在內的盒箱、搬運用的紙箱、緩衝物的替換而產生不可避免的損傷等，關於這些判斷為不可退貨的商品，恕不接受退貨、取消訂單、換貨等處理。○換貨程序的受理期間為商品到貨後的 1 週內，所以到貨時請務必確認商品內容物。恕不接受超過受理期間的換貨要求。

Secret de Sugar Cups

Sugar Cups 的秘密

在接回 Sugar Cups 娃娃之前，希望各位先了解娃娃的秘密構造。
只要對換眼和植髮頭蓋有更深入的了解，就能開拓出各種有趣的玩法。
如果大家想玩得更盡興，就為娃娃製作更多的服裝吧♡

illustration・七海喜 tsuyuri

● DESIGN ●

這三個角色是由七海喜
tsuyuri 所設計，
Dollybird 限定版的 Candyruru
也是請他設計描繪♪

● WORLD ●

Sugar Cups 以甜點為概念，設定為
三個生活在 Sugar Cup
Wonderland 的迷你女娃系列♪

● HAIR ●

Sugar Cups 的頭髮植在軟乙烯基製頭
部上半部的「頭蓋」，
頭蓋則套在娃頭的上半部。
如果要幫娃娃戴上假髮，
建議使用 4～4.5 英吋的假髮！

● EYE ●

開眼的娃臉內有 8mm 大小的眼袋，
可以裝入半球狀的 8mm 眼珠（尾櫃瞳）。
每個角色都有專用的虹膜，
也都可以換成同樣為 8mm 的眼珠，
還可以更改眼睛的角度！

● FACE ●

Sugar Cups 的臉是軟乙烯基材質，
原型是請 Out of Base 製作。
Chocolala、Candyruru 和 Biscuitina
三人的妝容都不一樣喔！

● BODY ●

使用的 Picconeemo P 素體全高約為
13cm，全身都有關節，可以自由活動。
另外最令人開心的一點是身體有獨立販售。
手的部件（※另外販售）左右邊分別有 4 種，
手勢皆不同，增添遊玩的樂趣。

model：「Candyruru～Welcome to Sugar Cup Wonderland！～（Dollybird 限定版）」

Biscuitina
×
akai camera

「和服圍裙洋裝套裝」
可愛的 Biscuitina 眼睛還有心型記號，
洋裝為和服上衣，搭配裙子和圍裙的套裝，
設計成大家喜愛的和服女僕造型。

dress：紅色相機　model：「Biscuitina～Welcome to Sugar Cup Wonderland！～」（左邊為參考商品）

Candylulu
×
babydow

「布偶圍裙套裝」
可愛的 Candyruru 綁著捲翹的辮子，
布偶裝建議用手縫製，胖嘟嘟的屁股輪廓，Q 萌得令人難以抗拒，
再疊穿上裙子，真是可愛到爆炸！
dress：babydow　model：「Candyruru（Dollybird 限定版）」「Candyruru～Welcome to Sugar Cup Wonderland！～」

Chocolala
×
momolita

「貼咪刺繡連身裙套裝」

Chocolala 留著一頭甜美的直長髮，
連身裙不但有荷葉邊，還在裙襬縫上法式結粒繡，
裝飾網球結設計成魚形和肉骨頭為整體增添亮點。

dress：momolita　model：「Chocolala」Welcome to Sugar Cup Wonderland

紅色相機
「和服圍裙洋裝套裝」

Material [長×寬]
□條紋棉布（上身）…25cm×25cm
□圓點細布（襯領）…10cm×3cm
□細棉布（圍裙）…20cm×5cm
□7mm 蕾絲…60cm
□7mm 緞帶（白色）…30cm
□3mm 緞帶（白色）…30cm
□7mm 緞帶（茶色）…25cm
□蕾絲繩帶（茶色）…12cm
□按扣…2 組

6.

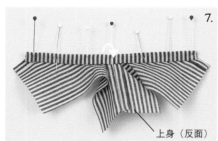

上身（反面）

將衣領縫份依照完成線摺起。

7.

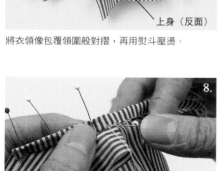

上身（反面）

將衣領像包覆領圍般對摺，再用熨斗壓燙。

1.

依照紙型裁剪布料，邊緣先經過防綻處理。

8.

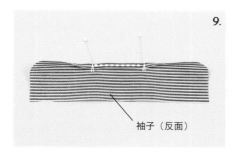

將衣領邊緣用手縫以邊縫縫合。

4.

衣領（正面）

上身（反面）

將上身前開口的邊緣縫份依照完成線摺起，將「衣領」正面相對重疊，縫合領圍。衣領的部分稍長，所以會超出邊緣。

2.

上身（正面）　上身（反面）

左右「上身」正面重疊，縫合後中心。

9.

袖子（反面）

將「袖子」袖口依照完成線，從開口止點摺至另一端開口止點後縫線，並且在縫份剪出牙口。

5.

衣領（反面）

上身（反面）

只在衣領超出的部分留下 5mm 的縫份後，剪去多餘的部分，翻回正面。

3.

上身（反面）　上身（反面）

將縫份用熨斗燙開，在衣領縫份的弧線部分剪出牙口。

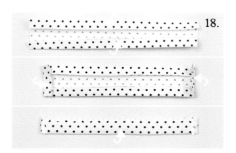

18.

將「假領片」的上下縫份和左右縫份摺起，再對摺後縫線。

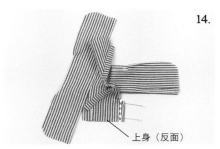

14.

上身側邊重疊，從衣襬到合印點（縫合止點）正面相對縫合。

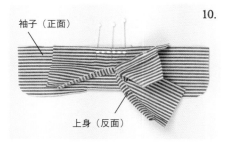

10.

袖子（正面）
上身（反面）

將上身和袖子正面重疊後，從記號縫合至記號的位置。

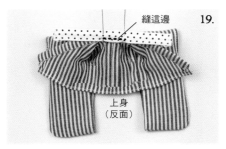

19.

縫這邊

上身（反面）

放在上身反面超出後領圍 1～2mm 的位置，並且暫時固定。

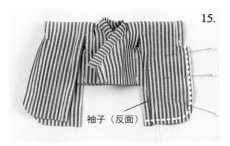

15.

袖子（反面）

袖子正面對摺，除了袖口以及八口，將其他地方縫合。

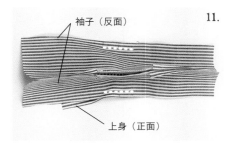

11.

袖子（反面）
上身（正面）

另一側的袖子也用相同方法縫合。

20.

用邊縫在後中心縫 1cm 左右。因為穿衣服時會將襯領前面的部分交叉，所以這個部分不須縫固定。

16.

上身（反面）

將側邊縫份燙開，用布用接著劑固定。

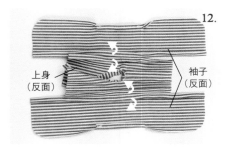

12.

上身（反面）
袖子（反面）

將袖子翻回正面後，將側邊的縫份用熨斗燙開。並且將袖子和上身側邊（八口）的縫份都依照完成線摺起。

21.

和服上衣完成。

17.

上身（反面）

翻回正面用熨斗整燙後，將上身衣襬的縫份依照完成線摺起後縫線。

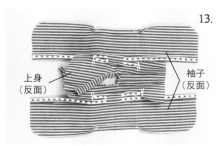

13.

上身（反面）
袖子（反面）

步驟 12 摺起的袖子和上身側邊（八口）都加上壓縫線，而上身側邊縫至開口止點即可。另外，要在開口止點剪出牙口。

30.

腰帶（正面）

裙片（反面）

將腰帶反摺像包覆裙片縫份般，再加上壓縫線。

31.

開口止點

裙片（反面）

將裙片正面重疊縫合，從裙擺縫至開口止點。

32.

按扣

裙片（正面）

縫份向右側倒並翻回正面，腰帶兩側縫上按扣。

33.

裙子完成。

26.

配合「腰帶」寬度收緊下面的縫線，做出碎褶。

27.

腰帶（反面）

裙片
（正面）

將裙片和腰帶正面相對重疊。

28.

腰帶縫份超出 5mm

裙片（反面）

將裙片和腰帶縫合，這時步驟 24 中摺起的右側縫份會超出 5mm。

29.

腰帶（反面）

裙片（反面）

腰帶翻回正面，將右側腰帶縫份摺起，再用熨斗壓燙。

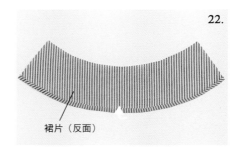

22.

裙片（反面）

接著製作「裙子」。將裙襬依照完成線摺起，再用熨斗壓燙。

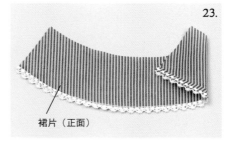

23.

裙片（正面）

將 7mm 蕾絲放在裙襬正面，再加上縫線。

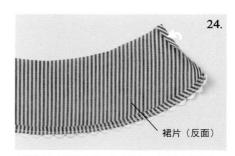

24.

裙片（反面）

只將裙片右側的後開口縫份摺起，再用熨斗壓燙。

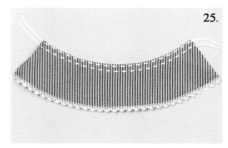

25.

在裙片腰圍縫份加上 2 條要做出碎褶的縫線（相距 3mm 寬，前後保留一定長度的線端）。

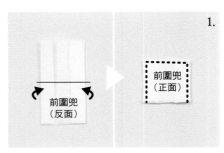

腰圍緞帶保留 2cm 後，剪去多餘的部分。

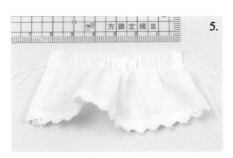

在裙片腰圍縫份加上 2 條要做出碎褶的縫線（相距 3mm 寬且前後保留一定長度的線端），將下線收緊至 6cm 寬。

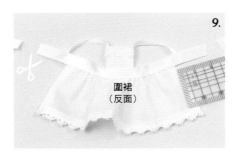

將圍裙「前圍兜」兩邊的縫份摺起，正面對摺後縫上車縫線。

在距離邊緣 1cm 的位置將緞帶反摺，用接著劑黏合並用熨斗固定。

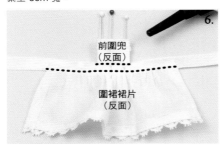

準備長約 15cm、寬 7mm 的緞帶，放在裙片和前圍兜的正面並對齊中心，用接著劑暫時固定後加上縫線。

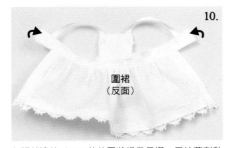

將寬 7mm 的蕾絲放在有摺痕的正面，超出的部分往反面摺並用接著劑固定。

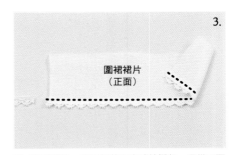

將 7mm 寬的剩餘緞帶摺成蝴蝶結，中心縫線固定後，縫在腰圍緞帶一端的正面，並且將按扣縫在其反面。

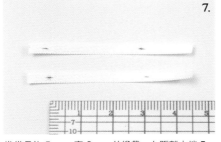

準備長約 5cm、寬 3mm 的緞帶，在距離末端 5mm 的位置標註記號後，再隔 3cm 的位置標註另一個記號。

將「圍裙裙片」的裙襬依照完成線摺起，再從正面放上寬 7mm 的蕾絲後縫線。

依喜好在前圍兜和裙襬也縫上蝴蝶結裝飾，圍裙完成。

將緞帶依照記號位置黏在前圍兜和腰圍緞帶，用熨斗熨燙固定並剪去超出的緞帶。

將兩邊縫份依照完成線摺起後縫線。

babydow
「布偶圍裙套裝」

Material [長×寬]

□4-5mm 絨毛布…15cm×40cm
□薄紗…15cm×20cm
□方格紋布…15cm×35cm
□5mm 緞帶…35cm
□10mm 荷葉邊蕾絲…12cm
□6mm 按扣…2 顆

6.

在後上身打褶的中心剪出小小的牙口後,將打褶對摺縫合。這裡很細小,所以建議用手縫。

1.

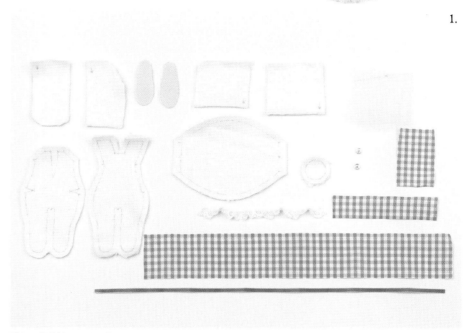

描寫、剪裁紙型時請注意絨毛的毛流方向。裙片的各部件都先經過防綻處理。

7.

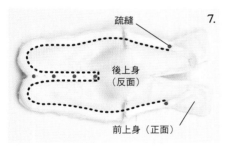

前上身和後上身正面重疊,將褲襠中心和邊角、下襠長的中心、腋窩疏縫後再縫合。用車縫縫合絨毛布料容易位移,所以這裡也建議用手縫。

8.

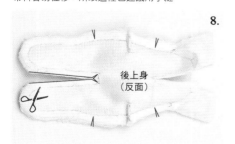

在下襠、側邊、腳部弧線部分的縫份都剪出牙口。

4.

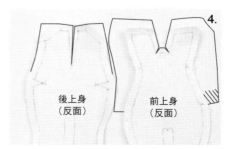

剪去超出領圍的薄紗,在前上身領圍和後上身開口剪出牙口。

2.

只有布偶裝「前後上身」、肩線和頸部的縫份部分需要先將絨毛剪短。

9.

前上身的袖圍縫份依照完成線摺起,再用手縫加上縫線。

5.

將薄紗翻回反面,在領圍和開口加上壓縫線。剪去超出的薄紗。

3.

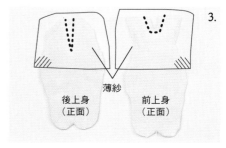

將粗略剪裁的薄紗放在前上身的領圍和後上身開口的正面縫合。

18.

上緣反摺處為開口，描繪出「手部部件」的紙型。在完成線的位置加上縫線，留下 3～5mm 的縫份後，剪去多餘的部分。

14.

翻回正面後，用錐針等將縫進接縫處的絨毛挑起。

10.

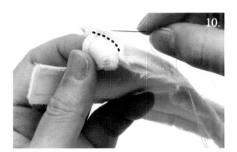

將前後肩線縫合。

19.

將縫份前推翻回正面，挑起接縫處的絨毛，「手部部件」完成。

15.

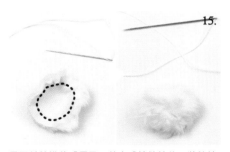

用平針縫沿著「尾巴」的完成線縫線後，將縫線收緊就成為一個小圓球。將縫份往內壓，在各處縫上挑綴縫後打結固定。

11.

後上身（正面）

前上身（反面）

接著將後上身的領圍縫份也依照完成線摺起後縫合。

20.

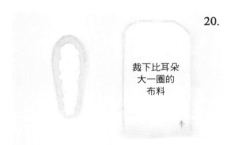

裁下比耳朵大一圈的布料

接著製作「耳朵部件」。羊毛氈對齊耳朵紙型裁切後，在反面塗上接著劑。距離邊緣 2～3mm 處不塗抹比較方便縫線。

16.

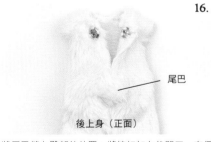

尾巴

後上身（正面）

將尾巴縫在臀部的位置。將按扣加在後開口，布偶裝的上身完成。

12.

後上身（反面）

一邊完成。另一側也用相同方法手縫。

21.

注意毛流方向，將羊毛氈黏在絨毛布反面，在縫份 5mm 位置標註記號後裁去多餘部分。

17.

剪去毛流

手部部件的布料粗略剪裁後，將上緣 5mm 的毛流剪短反摺，加上縫線。

13.

翻回正面。從正面拉很容易只是將毛拔起，所以用返裡鉗夾住腳尖的縫份往前推出比較好翻回。

30.

確認左右對稱後,將另一隻耳朵也用相同方法縫合。

26.

半遮帽(正面)

翻回正面,用錐針等將縫進接縫處的絨毛挑起。

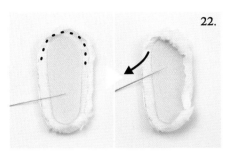

22.

在耳朵縫份的正中央用挑綴縫手縫,收緊縫線讓縫份往內捲。

31.

從半遮帽的後側穿過 5mm 緞帶。

27.

將兩端緞帶穿入口的縫份往內側摺,縫上一圈迴針縫。

23.

縫一圈後再次收緊縫線,讓縫份更聚集,使縫份捲起。

32.

緞帶打結,有兔耳的半遮帽就完成了。緞帶兩端反摺用接著劑固定或事先經過防綻液處理。

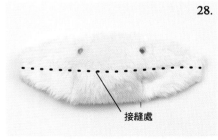

28.

接縫處

將半遮帽的接縫處轉至中心,在耳朵縫合位置標註記號(距離緞帶穿入口 3.5cm 左右)。

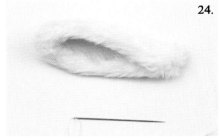

24.

耳朵部件的根部(較細端)正面對摺縫起,並且打結固定。

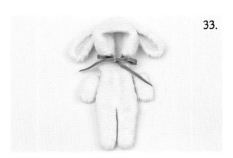

33.

動物布偶裝完成。改成貓耳也很可愛。

29.

毛流方向

注意半遮帽的毛流方向(毛的末梢往前),放上耳朵縫合。這時將針穿至下方,讓兔耳不只固定在半遮帽的上方表面,還牢牢固定至下方。

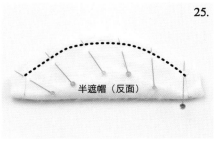

25.

半遮帽(反面)

半遮帽本體正面對摺縫合,左右不縫。

9.

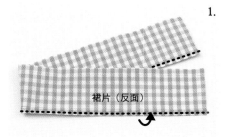

裙片（反面）

將記號位置暫時固定在腰帶後側，在腰帶上緣加上壓縫線，並且剪去超出的蕾絲。

10.

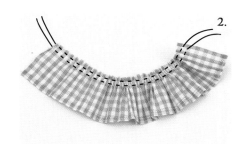

按扣

後開口重疊後將裙襬縫合。最後將按扣縫在腰帶兩側。

11.

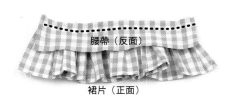

穿在布偶裝上的裙子即完成。

12.

不要前圍兜，只穿裙子也很可愛。

5.

裙片（反面）

將腰帶像包覆裙片縫份般反摺，再用熨斗壓燙。

6.

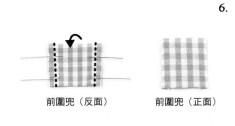

前圍兜（反面）　　前圍兜（正面）

將裙子的「前圍兜」正面對摺，將兩邊縫線後翻回正面。

7.

前圍兜

裙片（反面）

將裙子腰帶和前圍兜的中心對齊，用布用接著劑暫時固定後，在腰帶加上縫線。

8.

裙片（正面）

在荷葉邊蕾絲的中心和中心往左右 5cm 的位置標註記號，將蕾絲縫在前圍兜中心。

1.

裙片（反面）

將「裙片」的裙襬依完成線摺起後縫線。

2.

在裙片腰圍縫份加上 2 條要做出碎褶的縫線（相距 3mm 寬，前後保留一定長度的線端）。

3.

腰帶（反面）

裙片（正面）

將下線對齊「腰帶」寬收緊並做出碎褶，將腰帶和裙片正面相對縫合。

4.

腰帶（反面）

裙片（反面）

腰帶翻回正面，將左右縫份依照完成線摺起，再用熨斗壓燙。

momolita
「貓咪刺繡連身裙套裝」

Material [長×寬]
□ 細布⋯30cm×15cm
□ 細棉布⋯6cm×10cm
□ 布襯⋯6cm×10cm
□ 刺繡線⋯適量
□ 鉤扣（公扣）⋯2 個
□ 3.5mm 緞帶⋯20cm
□ 3mm 亮片⋯2 片
□ 小圓珠⋯2 顆

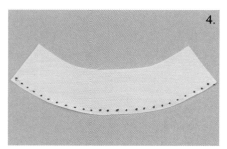

6.

在領圍縫份剪出牙口，並沿著完成線摺起後加上縫線。

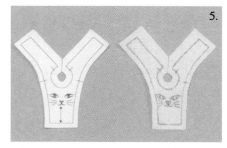

7.

袖口卡夫（正面）

「袖口卡夫」正面朝外對摺，在中心標註記號。

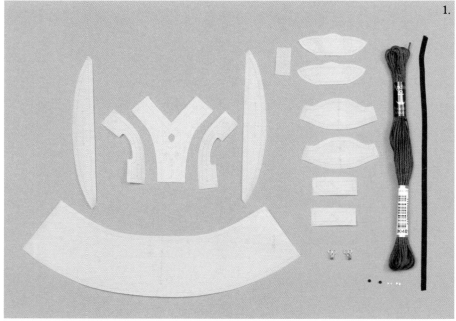

1.

依照紙型裁剪布料，並且先將布襯黏在上身用的薄細棉布。

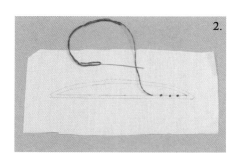

8.

袖子（正面）

「袖子」的袖山和袖口加上 2 條做出碎褶的車縫線。（2 條線像夾住完成線般平行，分別縫在距離邊緣 2mm 和 5mm 的位置）。

4.

如果要在裙襬加上刺繡也一樣，先加上刺繡後再裁剪。

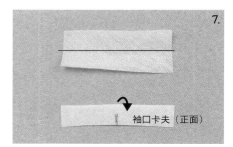

2.

如果要在「荷葉邊」加上刺繡，在粗略剪裁的布料上描繪出紙型後，在邊緣完成線的位置上，每間隔 8mm 加上法式結粒繡（刺繡）。

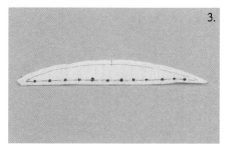

9.

袖口卡夫

袖子（反面）

袖子和袖口卡夫的中心用珠針固定，收緊碎褶用車縫線的下線做出碎褶（如果將下線改用其他顏色車縫就很方便區分）。

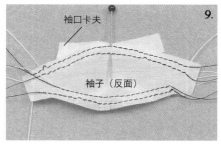

5.

先在「上身」描繪刺繡的圖案。因為之後還要經過熨燙的工序，所以建議使用摩擦筆以外的粉土筆。

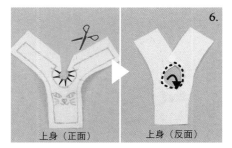

3.

刺繡完成後，沿著紙型的線條裁剪，並且在邊緣塗上防綻液。

48

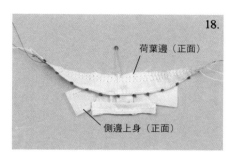

18.

荷葉邊（正面）

側邊上身（正面）

將「荷葉邊」正面朝向「側邊上身」的正面重疊後用珠針固定中心。

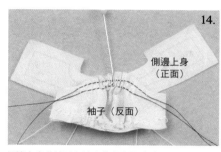

14.

側邊上身（正面）

袖子（反面）

側邊上身的袖圍和袖山的中心用珠針固定。

10.

袖口卡夫

袖子（反面）

袖子邊緣和袖口卡夫邊緣對齊，用珠針固定。

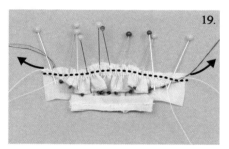

19.

收緊碎褶用車縫線的下線做出碎褶，將邊緣和邊緣對齊，並且用珠針固定後在完成線的位置縫線。

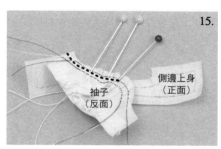

15.

袖子（反面）

側邊上身（正面）

接著將一邊的邊緣對齊並且用珠針固定，將袖子正面相對，從邊緣縫合至中心，只縫合袖子的一半。

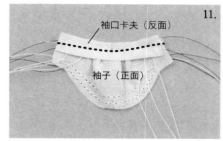

11.

袖口卡夫（反面）

袖子（正面）

將袖子和袖口卡夫縫合，抽去碎褶線。

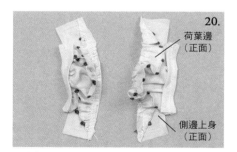

20.

荷葉邊（正面）

側邊上身（正面）

側邊上身和荷葉邊縫合後抽去碎褶線。另一邊也用相同方法縫製。

16.

側邊上身（正面）

袖子（反面）

另一邊也一樣將邊緣用珠針固定後，將剩餘的一半縫合。因為袖子的弧度較大，所以先將剛才縫好的一邊袖子摺起就會比較好縫。

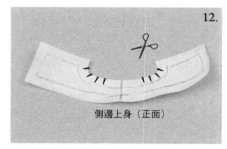

12.

側邊上身（正面）

在「側邊上身」袖圍縫份的弧線部分剪出細小的牙口。

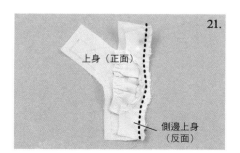

21.

上身（正面）

側邊上身（反面）

「上身」和「側邊上身」正面相對重疊，從側邊上身和荷葉邊的接縫處（完成線）上縫合。

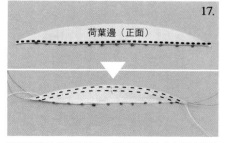

17.

荷葉邊（正面）

將荷葉邊外側縫份摺起，可以用縫線或布用接著劑固定。在上身側邊縫份的中心標註記號，再加上 2 條做出碎褶的車縫線。（2 條線像夾住完成線般平行，分別縫在距離邊緣 2mm 和 5mm 的位置）。

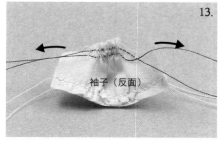

13.

袖子（反面）

收緊袖山碎褶用的車縫線下線，做出碎褶。

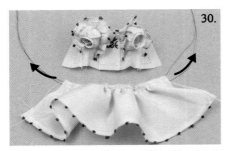
30.

收緊碎褶用的車縫線下線做出碎褶後，對齊上身腰圍的寬度。

26.

上身（反面）

另一邊也用相同方法縫合後，在腋下剪出牙口。

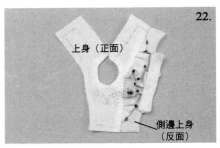
22.

上身（正面）

側邊上身（反面）

側邊上身翻回正面。縫份往上身側邊倒。

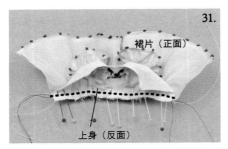
31.

裙片（正面）

上身（反面）

將上身和裙片的中心與側邊對齊後用珠針固定，正面相對縫合。

27.

上身（反面）

將袖子和腋下的縫份用熨斗燙開，翻回正面。

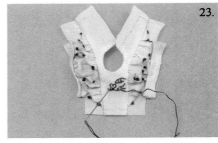
23.

另一邊也用相同方法縫合後，以直針繡沿著上身的刺繡圖案加上刺繡。

32.

上身翻回正面，縫份往上身倒後加上壓縫線。

28.

裙片（反面）

「裙子」的裙襬縫份沿著完成線摺起後，在裙襬加上壓縫線。如果不好縫，也可以用布用接著劑黏合。

24.

加上刺繡後，將袖口卡夫翻回正面。

33.

上身（反面）

開口止點

上身正面對摺，將後中心從裙襬縫合至開口止點。

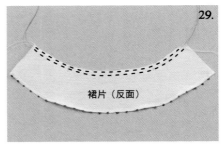
29.

裙片（反面）

在腰圍縫份的中心和側邊標註記號，加上 2 條做出碎褶的車縫線。（2 條線像夾住完成線般平行，分別縫在距離邊緣 2mm 和 5mm 的位置）。

25.

上身（反面）

上身正面對摺，縫合側邊袖下。

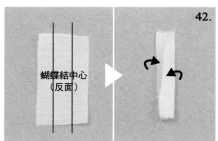

42.

蝴蝶結中心
（反面）

蝴蝶結中心摺成三層後，用熨斗壓燙。

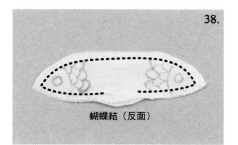

38.

蝴蝶結（反面）

魚形蝴蝶結正面相對重疊，預留返口後將周圍縫合。

34.

上身（反面）

將後中心的縫份燙開，上側的後開口縫份也沿著完成線摺起。

43.

將蝴蝶結中心捲繞在蝴蝶結中央，剪去多餘部分後，將邊緣摺起縫上邊縫。

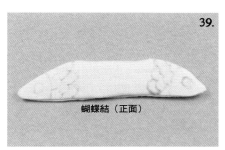

39.

蝴蝶結（正面）

翻回正面，用熨斗整燙。

35.

上身（正面）

在後開口加上壓縫線。

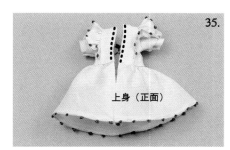

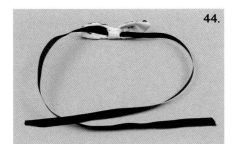

44.

將 3.5mm 的緞帶穿過蝴蝶結中心。

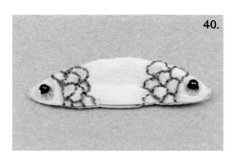

40.

以直針繡沿著紙型的圖案加上刺繡。眼睛縫上亮片和圓珠。

36.

將鉤扣縫在開口右邊的反面，左邊的正面則縫上繩扣。

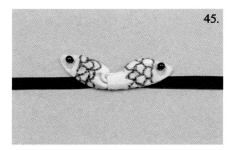

45.

魚形蝴蝶結完成。

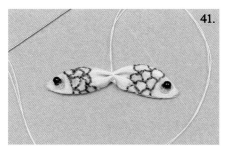

41.

在蝴蝶結中央以平針縫縫線後，收緊捲繞。

37.

貓咪刺繡連身裙完成。

利用列印布，輕鬆製作手工藝！

Print Dress Lesson

DOLCHU

使用列印布和接著劑
製作 OBITSU 11 尺寸的迷你服飾吧！
這次的主題是「睡衣派對☆」。
展示娃娃是第三波 chuchu doll HINA
「猩紅色小兔」和「藍色小貓」

Check!

請先連結 Dollybird 官網下載紙型並列印

http://hobbyjapan.co.jp/dollybird/

OBITSUBODY® ©DOLCHU

請各位先至 Dollybird 官網下載

「睡衣派對☆」資料,

再於噴墨印表機

放上市售列印專用布

並且設定「100%尺寸」列印。

Mateeial

- □ 列印布（A4 / 無黏貼 / 布料款 / 白色）
- □ 手工藝用接著劑
- □ 針和縫線
- □ 波浪蕾絲（或細蕾絲）…13cm
- □ 魔鬼氈…4.5cm×0.5cm（上衣）
  1.5cm×0.6cm（褲子 / 髮帶）
- □ 細蕾絲：18cm
- □ 棉花：適量

銀髮紅眼的
猩紅色小兔。
枕頭套有蕾絲裝飾。

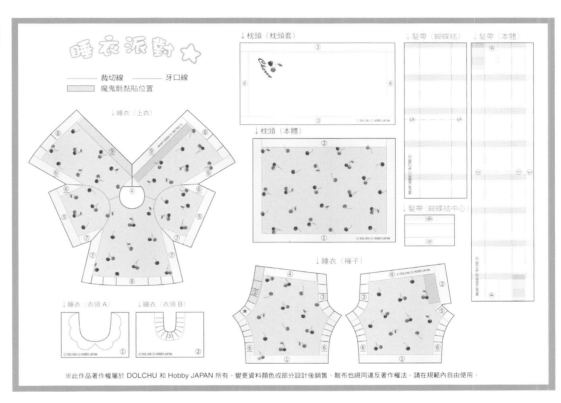

睡衣派對 ☆

―― 裁切線　―― 牙口線
▨ 魔鬼氈黏貼位置

↓睡衣（上衣）

↓枕頭（枕頭套）

↓枕頭（本體）

↓髮帶（蝴蝶結）　↓髮帶（本體）

↓髮帶（蝴蝶結中心）

↓睡衣（褲子）

↓睡衣（衣領 A）　↓睡衣（衣領 B）

※此作品著作權屬於 DOLCHU 和 Hobby JAPAN 所有。變更資料顏色或部分設計後銷售、散布也視同違反著作權法。請在規範內自由使用。

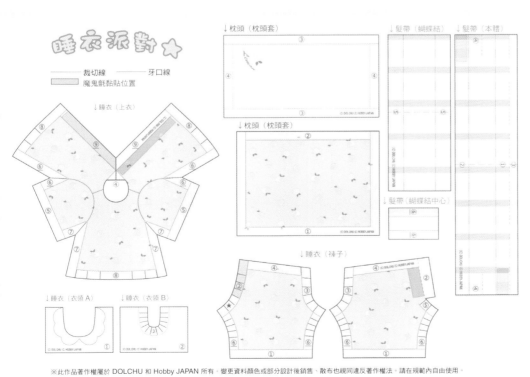

睡衣派對 ☆

―― 裁切線　―― 牙口線
▨ 魔鬼氈黏貼位置

↓睡衣（上衣）

↓枕頭（枕頭套）

↓枕頭（枕頭套）

↓髮帶（蝴蝶結）　↓髮帶（本體）

↓髮帶（蝴蝶結中心）

↓睡衣（褲子）

↓睡衣（衣領 A）　↓睡衣（衣領 B）

※此作品著作權屬於 DOLCHU 和 Hobby JAPAN 所有。變更資料顏色或部分設計後銷售、散布也視同違反著作權法。請在規範內自由使用。

是最耀眼的
藍色小貓,
用波浪蕾絲裝飾
衣擺。

53

先來製作
睡衣的上衣吧！♪

Let's Craft!

Pajama Tops

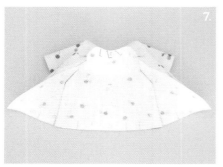

在⑥塗上接著劑並和⑦重疊，黏合袖子側邊。

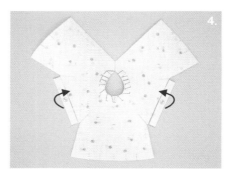

將袖子⑤往內側倒，用接著劑黏合。

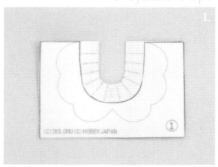

「睡衣（衣領 A）」①的反面全部塗上接著劑，和「睡衣（衣領 B）」②的反面重疊黏合後，用熨斗壓燙。

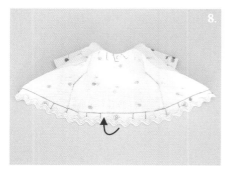

在衣襬⑧剪出牙口，往內側倒並用接著劑黏合，將波浪蕾絲（13cm）黏貼在衣襬，黏貼時要稍微超出衣襬。

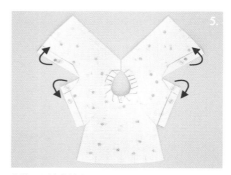

在袖子側邊⑥剪出牙口，往內側倒並用接著劑黏合。

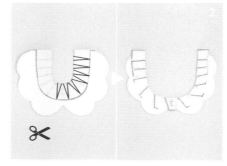

用剪刀沿著「睡衣（衣領）」①的衣領線裁剪，在③剪出牙口，將黏貼處往後摺並摺出摺痕。

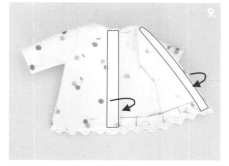

將貼邊⑨往內側倒並用接著劑黏合，黏上剪成4.5cm×0.5cm 的魔鬼氈即完成。

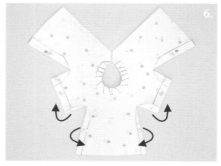

在袖子側邊⑦剪出牙口，往內側倒並摺出摺痕。

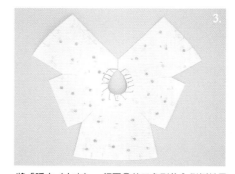

將「睡衣（上衣）」領圍④的三角形往內側倒用接著劑黏合，將衣領③的黏貼處往反面黏合。

7 分褲的褲型，

搭配羊毛氈

做成的拖鞋！♡

Pajama Pants

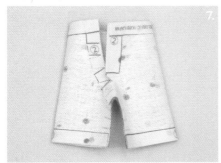

在下襠⑥塗上接著劑，正面相對黏合。從後面剪出牙口。

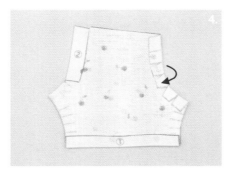

將黏貼處往左側倒，用接著劑黏合。

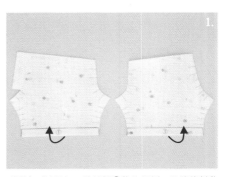

「睡衣（褲子）」的褲襠①往內側倒，用接著劑黏合。

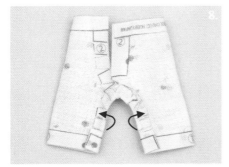

將縫份往開口（後面）倒，用接著劑黏合。

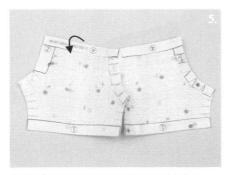

在腰圍④剪出牙口，往內側倒並用接著劑黏合。

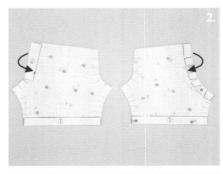

將剪出牙口的後褲襠②和貼邊②往內側倒，用接著劑黏合。

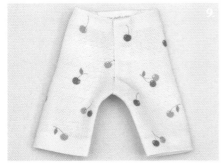

翻回正面，在貼邊黏上 1.5cm×0.6cm 的魔鬼氈即完成。

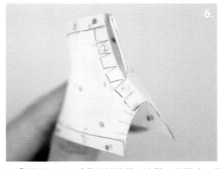

在⑤剪出牙口，重疊在褲襠開口止點★的記號，用接著劑黏合。

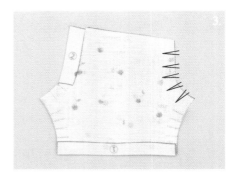

將前褲襠③正面相對黏合並剪出牙口。

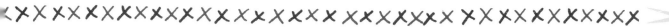

只要使用布和口紅膠，
就可以做出柔軟的髮帶！♡

Head Band & Pillow

將蝴蝶結兩端也黏在本體避免翹起，並且在本體兩端黏上 1.5cm×0.6cm 的魔鬼氈即完成。

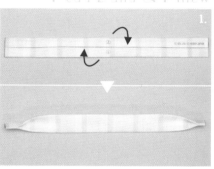

「髮帶（本體）」①～②往內側倒，在③塗上接著劑黏合。捏起兩端④並用接著劑黏合。

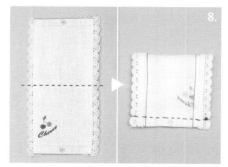

在「枕頭（枕頭套）」③塗上接著劑，將蕾絲底邊重疊其上黏合。將③往內側倒且蕾絲的貝殼花樣要超過邊緣，再用接著劑黏合。

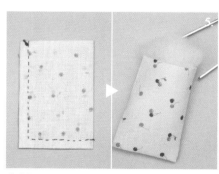

將「枕頭（本體）」正面對摺，將①的縫份縫成 L 型。翻回正面塞入棉花。

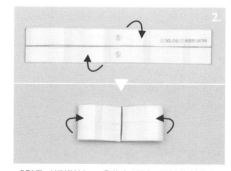

「髮帶（蝴蝶結）」⑤往內側倒，用接著劑黏合。⑤的中心部分塗上接著劑，兩端往內側捲成圈後固定。

將枕頭套翻回正面，套在枕頭本體即完成。

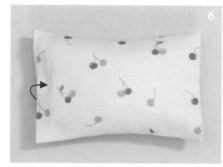

將返口②往內側摺，用接著劑或縫線封起。

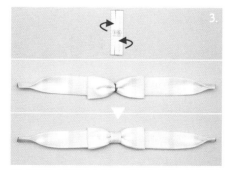

將「髮帶（蝴蝶結中心）」⑥往內側倒，用接著劑黏合。將步驟 2 的蝴蝶結重疊在本體中心並縫合固定，捲覆上蝴蝶結中心後用接著劑固定。

Rose Mela

Kuku Clara

Floral Girl

Cottie&Cream

HacoHaco doll

Bianco doll

Amooooore

I:roa doll

Holala doll

Jerry Berry

ASIAN NEW DOLLS
IN THE SPOTLIGHT

如今亞洲陸續出現許多新的娃娃製造商，軟乙烯基工廠等也擴大接單範圍，
如今娃娃業界對於個人創業者變得友善，
或許會改變未來的業界版圖。
本篇就來介紹這些創作能量豐沛的新起之秀！

MESSEGE 感謝大家對 Mela 的喜愛！
往後 Mela 將持續活躍發展，敬請期待！

ROSE MELA
www.rosemela.com

▶「Kaya jam」是眼珠朝前正視的基本款娃娃。另外我們也有單獨販售復古的洋裝套裝。

▶「Alley」的檸檬色捲髮俏麗迷人，這是和 tinibear 合作的聯名款娃娃。

▶ Mela（個人收藏）捲捲的瀏海相當可愛。每次瞳孔的描繪方法都稍有不同。

INTERVIEW

Mela 是我製作的第一個娃娃。小時候的玩法頂多是幫紙娃娃、芭比和韓國的娃娃換衣服，長大後認識了 Blythe，開始熱衷於幫娃娃化妝和做衣服。另外還以製作 BJD 和陶瓷娃娃的書籍、網路等資訊為基礎，自行學習娃娃原型的製作方法。我最注重的是素體和娃頭的比例平衡。

為了讓大家在和 Mela 遊玩時覺得好操作，而選用軟乙烯基的材質來製作。軟乙烯基很容易跑進氣泡和小碎屑，需要花費很多時間一一檢驗。妝容全都是用壓克力顏料和粉彩顏料手繪，一個娃娃完妝的時間大約得耗費 4 個小時。我們有時也會販售無妝容娃娃，所以歡迎大家試試畫上自己喜歡的妝容。

我也很注重 Mela 的髮型。植髮使用日本的 Saran 線，過去曾試過很多種髮型，我最愛的還是鮑伯頭。服裝方面則是和大家討論概念後獨自設計。我會使用在東大門找到的材料或收集到的復古布料（和創作者聯名時除外）。另外還製作了 T 字鞋和雨鞋等 Mela 的專屬鞋款。之後還想嘗試復古風的鞋子、眼鏡和髮帶等配件。每當看到大家為 Mela 穿搭多種服裝、拍下照片時，就是我最開心的一刻。

▲臉部妝容細膩而且顏色度佳，是用壓克力顏料和粉彩顏料手繪而成。

◀鞋子有 T 字鞋和雨鞋 2 款。

◀我最喜歡的包裝是 2019 年的「HAPPY BIRTHDAY MELA」

▼用美國土製作的娃頭原型。

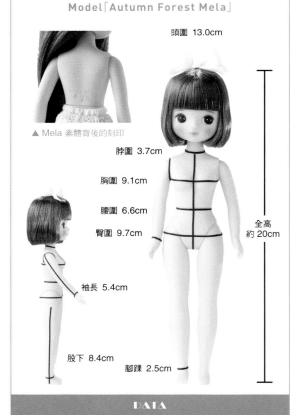

Model「Autumn Forest Mela」

▲ Mela 素體背後的刻印

頭圍 13.0cm
脖圍 3.7cm
胸圍 9.1cm
腰圍 6.6cm
臀圍 9.7cm
袖長 5.4cm
股下 8.4cm
腳踝 2.5cm
全高 約 20cm

DATA
原型和妝容：PepperArti　服裝設計：Pinkdoll
工作人員：3 名　創業：2019 年 10 月
本體價格：185,000 韓元以上

自從第一代限量娃娃 Forest 問世以來，已經過了 7 年之久。
由衷感謝各位粉絲長久以來對 Kuku Clara 的喜愛。 **MESSEGE**

▶這是 2019 年和 Lala Puppenhaus 合作的聯名娃娃。圓圓的眼鏡是 Clara 的原創設計。

▶這是經典娃娃 clara」，2020 年版的髮型為黑色的長捲髮。

▶這是經典娃娃「cozy little clara」，2020 年版的髮型為黑色的長捲髮。

▶Marie Antoinette Clara 的髮型是至今最費心思的設計！

Model「cozy little clara 2020」

▲ Kuku Clara 的素體在腰部有刻印

頭圍 12.0cm

脖圍 3.5cm

胸圍 8.5cm

腰圍 5.5cm

全高 約 21cm

臀圍 10.5cm

袖長 5.9cm

股下 9.6cm

腳踝 2.8cm

DATA
原型和妝容：Suna Lee　服裝設計：Suna Lee
工作人員：4 名　創業：2012 年（第一次銷售娃娃是 2013 年 5 月）
本體價格：200 美元以上

INTERVIEW

　學生時期就對球體關節人形和人形藝術抱有興趣，透過在相關公司打工的機會，開始創作 Kuku Clara。當初是在工作空閒之餘使用美國土和環氧樹脂製作原型。雖然是自行學習，但是我會拍下照片讓周圍的友人看，並且詢問大家是否可愛等意見，再繼續創作。現在也會用 3D 程式製作。我在製作娃娃時最在意的是尺寸感。軟乙烯基到了最後會明顯的收縮，因此在製作產品時，做出來的尺寸必須能夠換穿衣服。材料選用軟乙烯基的原因是，小巧輕盈，拿在手上還有柔軟的觸感，這是最吸引人的地方。可直接植髮而不仰賴假髮也是一個優點。但是軟乙烯基常會讓部件沾上小黑點或碎屑，檢驗時不良率之高，有時甚至會廢棄掉 9 成的產品，相當驚人。

　我也會要求 Kuku Clara 的妝容。眼睛的 3 個部件（眼白、虹膜、瞳孔）使用遮罩工具噴漆上妝，除此之外，眉毛、眼線、睫毛、瞳孔亮光和其他細節、嘴唇、腮紅一律用手繪。使用的塗料有壓克力顏料、粉彩顏料和凡尼斯。除了和創作者聯名之外，服裝的部分都是由我自行發想和購入材料，之後再委託裁縫師縫製。粉絲們的造型和照片往往讓我樂在其中，尤其是我不常做的哥德風或休閒風造型，總能帶給我很多的靈感。之後我想嘗試冬天穿的毛靴和不同形狀的眼鏡。

◀鞋子除了有踝靴和瑪莉珍鞋之外，還有半筒靴和涼鞋

▲用纖細線條仔細重複塗上的特殊妝容。帽子也很適合和眼鏡一起搭配！

▼我最喜歡的包裝是 2016 年夏天的「BONNES VACANCES」

▶「Popping Clara」的特色是大大的娃娃頭搭配流行妝容，全高約 24 cm

ⅢＥＳＳＥＧＥ | Floral girl 和 Jjolly 蘊含穿梭過去與現在的故事。
希望我們的娃娃能喚起大家兒時的回憶。 | FLORALGIRL

www.floralgirl.co.kr

▲這是 Jjolly「Wawa」，褐色肌膚搭配牛奶粉紅色的頭髮，相當時髦。

▲這是在中國和韓國限定發售的娃娃 Floral girl「Cam-si」。

▲這是 Floral girl「Flora」，服裝是由「razidazi-aster」所設計。

INTERVIEW

　我的興趣就是改造娃娃，總夢想著哪天自己製作娃娃。小時候喜歡玩芭比、Mimi、摩比人，長大了喜歡收集二手莉卡娃娃、Blythe、樂高。在當時韓國並沒有人教授製作娃娃原型的技術，我開始仰賴網路資訊自己學習製作。我認為花費大量的金錢和時間有助於娃娃製作學習。因為原型很小，所以一點點的瑕疵都難以遮掩，所以要非常小心。現在素體為共通使用的規格，臉的部件則製作了 Floral girl、Jjolly、Yapi 這 3 種。

　為一個娃娃化妝平均需要 2 個小時以上的時間。復古的漫畫形象，只有眼白使用遮罩工具噴塗上色。腮紅也用噴槍上色。其他全都用筆手繪。我們並沒有販售無妝容的娃娃，有時候看到改妝的娃娃會得到很好的靈感。大家最喜歡的鮑伯頭髮型，是我們用獨特的方法做出頭髮的彎度。

　一般的服飾都由我們自己設計再交由工廠量產，偶爾有限定聯名時，會交由其他創作者發揮，我最喜歡的是創作者 aster 為我們製作的內衣造型。接下來我想嘗試復古風的洋裝，包裝的設計除了文字之外都用手繪，娃娃製作並不簡單，但是看到大家對 Floral 娃娃的喜愛，就讓我感到超級幸福。

▶原創鞋子有靴子和高跟鞋等 4 款。

◀深受歡迎的捲髮鮑伯頭，娃娃為 Jjolly「Hia」。

▼用樹脂製作原型。

▲素體共通的 Yapi 娃頭比例稍大，頭圍為 14.5cm，丸子頭髮型相當可愛！

Model「Floral girl basic」

頭圍 12.2cm

▲球體關節讓頭部可以自由傾斜，頭頸交界有刻印。

胸圍 8.3cm
腰圍 6.0cm
臀圍 9.3cm
脖圍 3.2cm
袖長 5.7cm
股下 8.9cm
腳踝 2.3cm

全高
約 21cm

DATA
原型和妝容：Dorothy　服裝設計：Dorothy
工作人員：2 名　創業：2014 年（第一次銷售娃娃是 2015 年 6 月）
本體價格：189,000 韓元以上

希望 COVID-19 疫情結束，期待再次在娃娃的會展活動或日本的批發室對面相談：現在健康最重要！就讓我們俄比享受收集娃娃的美麗吧！

▲這款奢華妝飾 ellen 其服裝設計師 madam mikako 合作的聯名娃娃。

▲令人眼睛為之一亮。Mariat

▲這款灰色大約 52cm 的娃娃，是用 pullip 的眼睛加以改造，小巧可愛。

INTERVIEW

cottie&cream 的特色就是 1 個娃頭有 2 種妝離。我為了想用同一組經驗表現出少女和小孩的樣子而製作。不論哪一個都比較有的 1/6 娃娃做得還要幼小一些，希望大家把他們當成手邊娃娃的妹妹般疼愛。

我是受到朋友的鼓勵開始製作娃娃，尤其是 cacarotedoll 的 mellow，也以自身的經驗和失敗給予我許多建議。不論在技術方面還是各方面都幫我收穫良多。在 cottie&cream 順利問世時，他還為我感到開心。

基本上我都是自己一個人製作。大多都是不包括服裝的娃娃。另外有時和化妝師合作，銷售由其他位化妝師的妝容服娃娃。一開始想利用這量工具繪塗化妝製作 4～5 個娃娃，但是大概只有第一個和第二個娃娃以這個方式上妝。現在全都是以手繪作業。我很在意當版，每個娃娃都會費心描繪出臉形。我喜歡有一點的特色，所以會做出大量的粉彩顏料。因為也會販售無妝容的娃娃，所以也希望大家都能學習為臉塗化妝來看。我現在要以製作 cottie&cream 為正職還很困難，因為韓國有許多種娃娃，而且品質都很好。材神的時光都很貴。我雖然想要做出更高難度的臉孔和瓶頸，但是想辦法在價格上取得平衡。若要維持詳展高委賣全也高委耐力。不過只要看到購買的飼客拍下照片，我就會非常開心。這是我做娃娃感到最有成就感的瞬間。

Model「Cottie&Cream makeup by i」

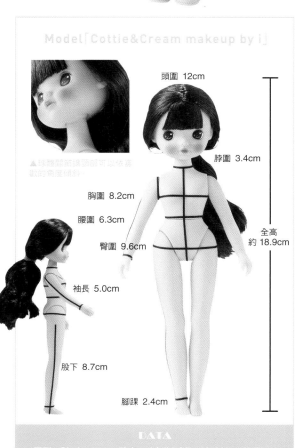

▲球體關節換頭部可以收房歡的角度傾斜。

頭圍 12cm

脖圍 3.4cm

胸圍 8.2cm

腰圍 6.3cm

臀圍 9.6cm

全高 約 18.9cm

袖長 5.0cm

股下 8.7cm

腳踝 2.4cm

DATA

原型：Choi,sungu　妝容：（合作）Mineki、Yem、i、Ellen
工作人員：1 名　創業：2017 年（第一次銷售娃娃是 2018 年 5 月）
本體價格：130 美元以上

▲這是可手縫的大和娃娃，也有販售無妝容的娃娃，當成六享滿與純素般愛

◀鞋子有娃娃穿的是一種，另一個兩雙鞋的

▼完整的娃娃娃娃，全高 H 18.8cm、B8.1cm、W6.3cm、H8.8cm

▶2019年1月販售的「花」推出黑髮和金髮2種款式。

◀｜Hachi｜全高13cm「OBITSU 11 素體」，髮尾捲起般呈現當時流行的表情，呆萌可愛。

▶2020年11月完成子獨一無二的手繪模特，看看前方的表情，呆萌可愛。

INTERVIEW

我很愛娃娃也玩了好一陣子，但是我想透過自己製作娃娃，讓自己也存留在娃娃的歷史紀錄中。我透過書籍和影片學習 3D 軟體的做法來製作原型，我選用軟乙烯基當作材料的原因是輕巧好攜帶又不容易壞，至今製作了 HacoHaco 和 OBITSU 11 素體的 Hachi 這 2 種娃娃，雖然還沒有足夠的經驗，不過我覺得都做出理想中的少女體型。只做出 1 款鞋子，但是往後會再陸續增加。軟乙烯基的組裝很困難，不良品很多，所以需要耗費很多時間檢驗。

　　HacoHaco 的妝容基本上都用遮罩工具噴塗，Hachi 的眼睛和眉毛用遮罩工具噴塗上妝，嘴唇和腮紅則是用水性色鉛筆和壓克力顏料手繪，我化妝時最在意的是眼睛，我認為眼睛畫得漂亮才能賦予娃娃靈魂。目前 HacoHaco 並未販售無妝容的娃頭，但我很歡迎大家幫 HacoHaco 改妝，我們也會繼續努力畫出不遜於大家改妝的妝容。

　　服裝由 2 位人員負責設計，我們在當地一家大型商場尋找布料和材料，相當耗費時間。我們的洋裝尺寸也可以讓 Licca 和 Blythe 穿著，所以連自己也沉浸在穿搭的樂趣中。之後我也想製作森林女孩風和復古風等各種類型的服裝。製作娃娃需要投入大量的時間、金錢和心力，雖然收益還是少，但是化妝、服裝、髮型等每位成員都有自己擅長的部分，所以能彼此砥礪並且樂在其中。

▲花的妝容特徵是大紅唇加圓眼睛。

▶妝容走少女漫畫風，保留自然的手繪感呈現新鮮特別感！

◀鞋子有 1 款，接下來的鞋款也很令人期待。

▶包裝附有插畫和小卡。

◀用數位方式製作原型。

Model Retro HacoHaco doll「Hana」

▲ HacoHaco 的素體背後有刻印。

頭圍 11.5cm
脖圍 3.6cm
胸圍 8.7cm
腰圍 6.3cm
臀圍 11.1cm
袖長 5.9cm
股下 10.3cm
腳踝 2.7cm
全高 約 21.7cm

DATA
原型和妝容：花與狗　服裝設計：KappaQ
工作人員：4名　創業：2017年（第一次銷售娃娃是2018年6月）
本體價格：149 美元以上

▶ 推出的「Robin」。2019年在台灣舉辦的活動中

◀ 薄荷色肌膚的「Sirili」可吸收光能產生夜光效果！在2020年萬聖節發售。

▶ 長頸鹿外型的新作「Twinky」作為贈品看起來意外的精緻。

INTERVIEW

我從小就喜歡角色創作，總想著哪天將我腦中的想法具體成形。Bianco 和 Buzzi 的原型是利用我大學學到的雕刻技巧製作。最初用環氧樹脂和軟陶黏土製作原型，但是現在也會用 3D 數位方式製作原型。娃娃頗能展現出我本身的個性。例如 Bianco 的鼻子形狀，Buzzi 的觸角等。我選用軟乙烯基當作材料的原因是「喜歡它柔軟輕巧的質感」。我還製作了 7 種小配件的原型，包括精靈和鴨子的鞋子、緞帶鞋、附有熊掌、熊腳或觸角的髮箍等。

我有化妝用的遮罩工具，但不是每次都會使用。不論哪一種妝容都有需要手繪的部分。手繪時會使用壓克力和水彩顏料。我很在意 Bianco 的膝蓋，那是其迷人之處。頭髮則會依照髮型更改線材，「Elroy」和「Shasha」的髮型都得花費一些時間製作。

服裝設計也是我自己處理，每次做成商品前都會先畫出插圖。夏天的 Bianco & Buzzi 系列套組會附上插畫小卡和貼紙。最喜歡的服裝是我一直很想做的 Honey bee 服裝。接下來我想製作以泰迪熊為題材的可愛娃娃。

小時候一直都有一隻兔子布偶陪伴著我，20 歲左右迷上了 Be@rbrick 和 Sonny Angel 並開始收集。娃娃製作過程中化妝、髮型、服裝製作都很辛苦，但是也都令人樂在其中。

Model「bianco doll（sample）」

頭圍 12.3cm

▲ Bianco 的脖子不是球狀而是尖狀，特點是插拔容易。

脖圍 3.2cm

胸圍 8.4cm

腰圍 6.7cm

臀圍 8.4cm

全高 約 18.5cm

袖長 4.8cm

股下 8.3cm

腳踝 2.0cm

DATA

原型和妝容：zimam（Kim,Hye-Mi）　服裝設計：zimam
工作人員：1 名　創業：2016 年 5 月
本體價格：252,000 韓元以上

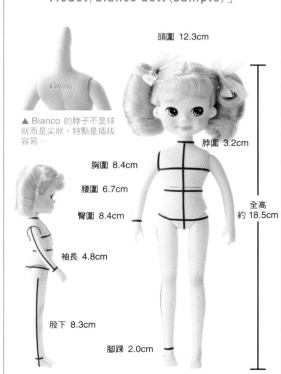

▲ 蘑菇精靈娃娃 Buzzi。

◀ 腳尖翹起的精靈鞋和方便走路的一般鞋款。

▼ 特徵是雖然手繪卻刻意用平塗的方法上妝。

▶ 「Honey bee」是我很喜歡的設計。2019 年春天推出的

▶ 捲髮加上 2 條髮辮的「Elroy」和「shasha」是 2019 年夏天的娃娃。

▶ 另一個「Weather Girls 小烏雲〈陰暗的小雲朵〉」是烏雲女娃。

▶ 娃娃是樹脂製的娃頭，搭配玻璃眼珠，加上手繪妝容。

▶「Weather Girls」女娃，以白雲為意象的「小白雲〈白色的小雲朵〉」。

INTERVIEW

我 5 歲時開始畫畫，就讀中國清華大學美術學院雕塑系，造形時會運用黏土和數位兩種方法。Amooooore 是我以可愛女孩為意象的第一個造形物，她恬靜、柔和、溫順。我希望這個娃娃受到許多人的疼愛而命名為 Amooooore。

為了讓 Amooooore 堅固好觸摸而使用軟乙烯基。但是組裝和檢驗都極為困難，整批大約有 1/2 ～ 1/4 不良，所以每次製作都很辛苦。臉部色彩基本上都在工廠用遮罩工具列印處理，但是 OOAK 娃娃（One Of A Kind，意指獨一無二）是用粉彩和顏料手繪。

洋裝的樣品通常由 2 ～ 3 人負責製作。大家會在會議討論設計，之後在淘寶等找尋布料和材料。提高服裝完成度的秘訣在於委託價高且技術好的縫製工廠。往後還想挑戰鞋子和眼鏡的製作。另外，我未來還想挑戰大號可愛的橡膠娃娃。

我小時候喜歡幫芭比和珊迪換衣服，長大了看到有人做出超美的娃娃大受衝擊，終於發覺自己或許也可以做到。我雖然總是因為資金運轉而煩惱不已，但是娃娃的製作過程充滿刺激，而最重要的是有人愛上自己的設計，因喜歡而購買，這些都讓我非常開心。

Model「Weather Girls 小白雲」

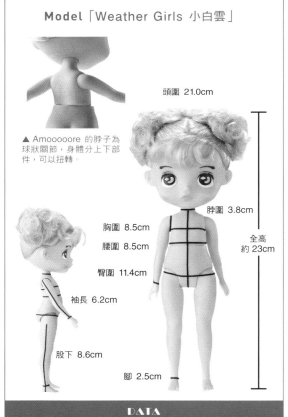

▲ Amooooore 的脖子為球狀關節，身體分上下部件，可以扭轉。

頭圍 21.0cm

脖圍 3.8cm

胸圍 8.5cm
腰圍 8.5cm

臀圍 11.4cm

袖長 6.2cm

股下 8.6cm

腳 2.5cm

全高 約 23cm

▲化妝是利用遮罩工具列印，將眉毛畫成雲朵的樣子。

▶附上的冰淇淋餅乾睡袋，讓人帶著娃娃都顯得可愛無比。

◀原創設計的鞋子。

▲列印後的素體原型。微凸的肚子很可愛。

▲用壓克力顏料上妝的 OOAK 娃娃。

DATA

原型和妝容：DongDong　服裝設計：Fox.Hu
工作人員：3 名　創業：2017 年（第一次銷售娃娃是 2018 年 2 月）
本體價格：145 美元以上

▶第3波接單生產推出的 iroa doll「3rd momo」
服裝為 madam mikako 設計。

▲momo 的眼睛線條明顯而且往右看，實際上看起來像是用遮罩工具噴漆上妝。這款娃娃也是用手繪上妝。

▶朝前正視的 momo 改版娃娃於 2020 年 10 月發售。明亮的黃色頭髮超級可愛。

Model iron doll「momo（sample）」

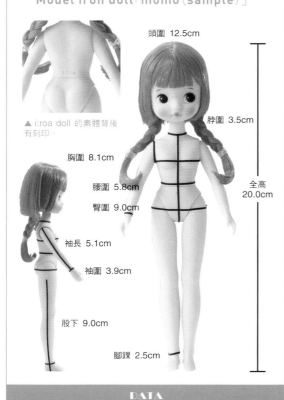

▲ i:roa doll 的素體背後有刻印。

頭圍 12.5cm

脖圍 3.5cm

胸圍 8.1cm

腰圍 5.8cm

臀圍 9.0cm

袖長 5.1cm

袖圍 3.9cm

股下 9.0cm

腳踝 2.5cm

全高 20.0cm

DATA

原型和妝容：Choyongrae
工作人員：1 名　創業：2016 年（第一次銷售娃娃是 2016 年 6 月）
本體價格：190,000 韓元以上

INTERVIEW

我原本就愛幫娃娃改造，也經常幫娃娃改造，之後因為太想擁有自己的娃娃而創業。我從書籍和網路學習原型作法，並且用 LaDoll 等黏土製作。我選用軟乙烯基製作 i:roa doll 的原因是習慣在上面植髮和化妝的關係。一開始做出來的原型有許多需要改進的地方，現在也還在持續微調以便讓娃娃更加立體。除了這次介紹的 momo，還有製作名為 yoyo 的娃頭，妝容全部都是手繪，主要用極細筆、壓克力顏料和粉彩顏料，其他也會使用噴漆塗料。

服裝製作和 2 位人員合作，我自己不畫設計圖，只有收集材料。我不太擅長縫製，不過在嘗試製作各種服裝期間，縫製技巧慢慢提升。我比較喜歡休閒風的服飾，我也很開心看到購買娃娃的人幫娃娃換上各種服裝。

我小時候擁有 mimi 娃娃，玩娃娃的時候會幫她梳頭、洗澡。長大了會看部落格等幫娃娃打扮的照片，讓我再次燃起對娃娃的熱愛。作業中最開心的事莫過於化妝，不過化妝要一整天坐著，所以很難讓自己處於作息正常的狀態。但是從 SNS 收到大家喜愛 i:roa doll 的留言或是迫不及待想購買的心情，這些都讓我感到幸福，從中得到力量。

◀原創鞋款有這 2 雙和瑪莉珍鞋共 3 款。

◀脖子深處有半球狀關節，所以可以保持姿勢穩定。

▼用宛如水彩的淡色一再描繪，畫出美麗的妝容。

▶軟乙烯基成型前，用蠟的模型來調整細節。

▲為向前正視的眼珠打亮有點難度。

▶「The frog prince」套組
包括 Pipita 和最新原型製成
的青蛙 victor。

▶「Alice and white rabbit」
是從羊毛娃娃創作者 Ribo 得
到靈感。

▶這是 2018 年 5 月發售的
「Miss Lulu」，在 BlytheCon
也很受歡迎。

INTERVIEW

　　2012 年大學畢業後，我開始製作 Blythe 的服裝、鞋子和包包等。曾有人購買我手作的商品，讓我沉浸在自我成就感當中，在這段期間我開始思索或許自己也可以做出人形娃娃，而決定用小時候做的黏土 Holala 為基礎製作原型。我從愛好人形的朋友獲得不少建議，而開始製作出 Holala、Pipita、Mimiko、Susu、Frog 等許多娃娃。娃娃的造型和表情都刻意設計成古典風，讓娃娃看起來都稍微帶點復古和浪漫的感覺。

　　娃娃製作中最困難的環節就是軟乙烯基的檢驗和焊接，所以由團隊所有成員一起作業。利用遮罩工具為娃娃上色，每個娃娃都大約有 3～4 種類型，但是最後修飾的眼睛打亮和腮紅都是用壓克力顏料或色鉛筆等手繪處理，尤其腮紅是讓娃娃表情靈動的關鍵，所以得特別小心，偶爾會發現 Holala 的改妝，這些都會激發我新的靈感。

　　服裝設計主要由我負責，之後和 1～2 位人員共同作業。從畫設計圖到去市場購買材料，決定服裝走向，為了讓 Blythe 穿上鞋子而製作的「恐龍靴」，未來會再增加一些鞋款，接下來我考慮製作一些帶有宗教色彩的娃娃。

Model Holala doll「Miss Lulu」

▲Holala 素體背後有刻印。

頭圍 20.4cm

脖圍 4.7cm

胸圍 9.6cm
腰圍 9.2cm
臀圍 10.8cm

袖長 5.4cm

股下 7.2cm

腳踝 2.7cm

全高 19.0cm

DATA

原型和妝容：Jenny Yi　　服裝設計：Jenny Yi
工作人員：5 名　　創業：2016 年（第一次銷售娃娃是 2017 年 2 月）
本體價格：169 美元以上

▲性感體型的 Susu 全高 22.5cm，
B10.8cm、W8.1cm、H12.9cm，
娃娃為「Beth the witch」。

◀用 Blythe 尺寸製作的
恐龍鞋。

▼這都是用遮罩工具噴漆上妝，復古
氛圍飄散可愛氣息。

▲ Alice 以及個人物品的
Ribo 小兔一起裝飾。

JERRYBERRY

http://jerryberrys.net

2021 年是 Jerry Berry 誕生 10 週年，至今共推出了 Jerry Berry、Cozy 等 6 種娃娃，承蒙大家的喜愛。

▶妝容和衣服都出自於 BebeLouis 的設計，獨一無二的「OOAK Ingrid Berry」

▲造款 Berry 有著可愛的彩海，假髮利喜款的素顏，服裝由 Honey Heartclover 所設計。

▼本次的「Petite Cozy」米色彩卷也是 BebeLouis 設計。

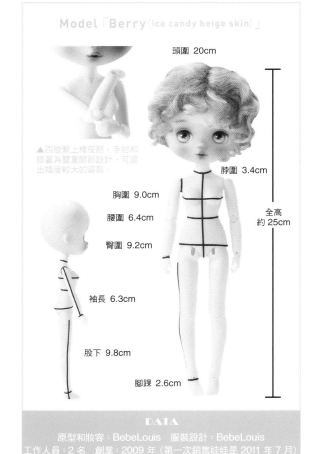

Model「Berry（Ice candy beige skin）」

頭圍 20cm

脖圍 3.4cm

胸圍 9.0cm

腰圍 6.4cm

臀圍 9.2cm

全高 約 25cm

袖長 6.3cm

股下 9.8cm

腳踝 2.6cm

▲四肢繫上橡皮筋，手肘和膝蓋為雙重關節設計，可擺出幅度較大的姿勢。

DATA

原型和妝容：BebeLouis　服裝設計：BebeLouis

工作人員：2 名　創業：2009 年（第一次銷售娃娃是 2011 年 7 月）

本體價格：284 美元以上

INTERVIEW

Neo Blythe 的「Kozy Cape」開啟了我愛上娃娃的序幕，Blythe 可以駕馭各種穿搭，我帶著她到處旅遊，還拍了大量的照片。我和 Blythe 遊玩的這些歲月深深影響了 Jerry Berry 的創作。

以前我會用黏土製作娃娃的原型，現在會使用 3D 數據來製作。製作原型時最需要注意，是否符合 Jerry Berry 的形象、是否能帶給大家開心。雖然是新的創作但是仍讓人感到熟悉。素體是樹脂製球體關節，並且在手腳添加可繫上橡皮筋的鈕扣（對於不習慣球體關節的顧客，也提供以鐵絲固定的服務）。

1/6 的 Jerry Berry 臉較大，所以描繪整個娃娃頭為費時也需要一些技巧，用細筆一個一個描繪，盡量畫出細膩又溫柔、如繪畫般的形象，所以無法大量生產。頭髮為假髮，使用毛海和耐熱纖維。服裝設計由我負責（和創作者合作時除外），布料採購、設計圖描繪後，交由合作公司縫製。有時 OOAK 娃娃（One Of A Kind，意指獨一無二）等是由自己縫製服裝，但是老實說對於自己的縫製技術還沒有像化妝一樣有自信，尚在學習特訓中。所以每每看到粉絲幫娃娃做各種服裝穿搭，我真心覺得很幸福。Jerry Berry 有皮製的鞋子，所以我想製作原創的軟乙烯基鞋款。我很愛 50 年代和 60 年代的流行時尚，所以接下來我想哪天以那些年代為發想製作娃娃。

▲水晶花髮飾為 Planetarium 的作品。

▼妝容使用了壓克力顏料、超亮光凡尼斯和粉彩顏料。

◀頭部的 2 個部分用磁鐵接合，內側有簽名。

Dolly Pattern Workshop 18

想製作娃娃尺寸的人台

・

荒木佐和子

如果要製作服裝，總想著哪天要有一個專用人台！
想在人台穿上娃娃服裝或是立體剪裁服飾的人，
何不製作一個符合手邊娃娃尺寸的人台？

採訪協助：株式會社 KIIYA　攝影：玉井久義

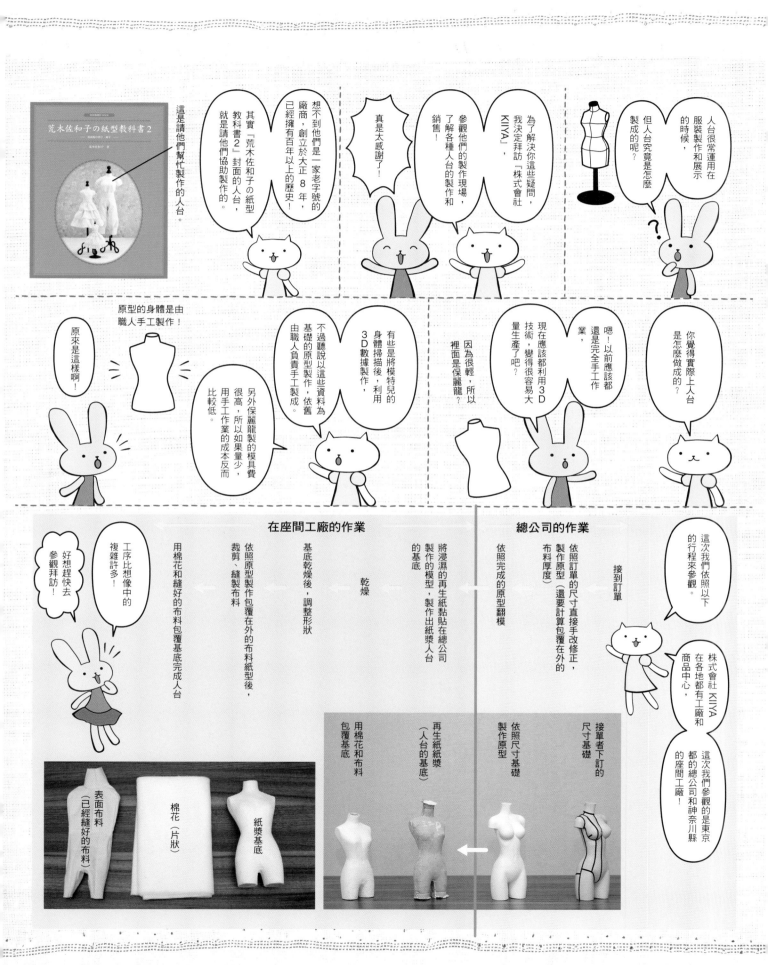

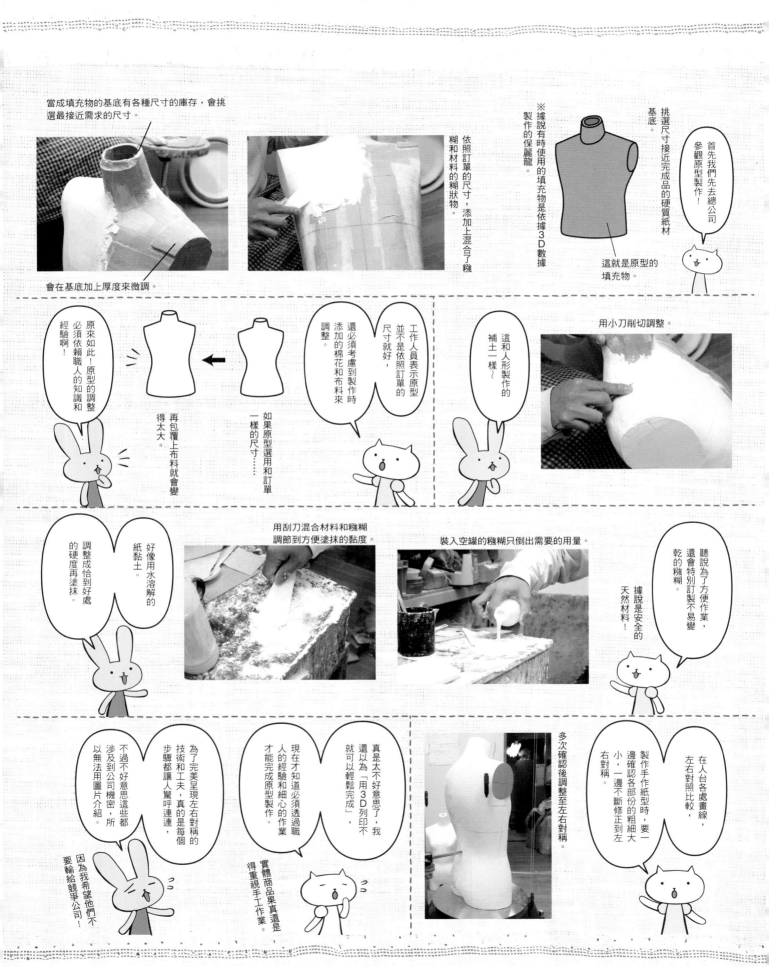

當成填充物的基底有各種尺寸的庫存，會挑選最接近需求的尺寸。

會在基底加上厚度來微調。

依照訂單的尺寸，添加上混合了糨糊和材料的糊狀物。

※據說有時使用的填充物是依據3D數據製作的保麗龍。

挑選尺寸接近完成品的硬質紙材基底。

這就是原型的填充物。

首先我們先去總公司參觀原型製作！

原來如此！原型的調整必須依賴職人的知識和經驗啊！

再包覆上布料就會變得太大。

工作人員表示原型並不是依照訂單的尺寸就好，還必須考慮到製作時添加的棉花和布料來調整。

如果原型選用和訂單一樣的尺寸……

這和人形製作的補土一樣～

用小刀削切調整。

調整成恰到好處的硬度再塗抹。

好像用水溶解的紙黏土。

用刮刀混合材料和糨糊調節到方便塗抹的黏度。

裝入空罐的糨糊只倒出需要的用量。

據說是安全的天然材料！

聽說是為了方便作業，還會特別訂製不易變乾的糨糊。

不過不好意思這些都涉及到公司機密，所以無法用圖片介紹。

為了完美呈現左右對稱的技術和工夫，真的是每個步驟都讓人驚呼連連，

現在才知道必須透過職人的經驗和細心的作業才能完成原型製作。

真是太不好意思了，我還以為「用3D列印不就可以輕鬆完成」，

實體商品果真還是得重視手工作業。

多次確認後調整至左右對稱。

在人台各處畫線，左右對照比較，要一邊製作手作紙型時，一邊確認各部份的粗細大小，一邊不斷修正到左右對稱。

因為我希望他們不要輸給競爭公司！

70

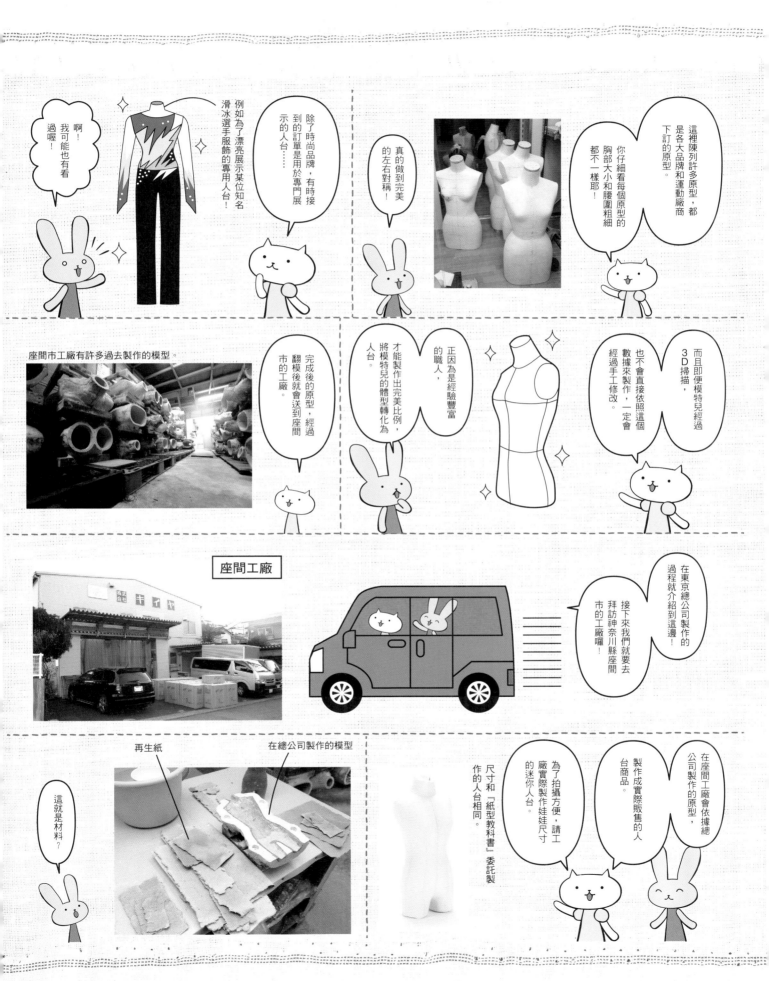

啊！我可能也有看過喔！

例如為了漂亮展示某位知名滑冰選手服飾的專用人台！

除了時尚品牌，有時接到的訂單是用於專門展示的人台……

真的做到完美的左右對稱！

這裡陳列許多原型，都是各大品牌和運動廠商下訂的原型。

你仔細看每個原型的胸部大小和腰圍粗細都不一樣耶！

座間市工廠有許多過去製作的模型。

完成後的原型，經過翻模後就會送到座間市的工廠。

才能製作出完美比例，將模特兒的體型轉化為人台。

正因為是經驗豐富的職人，

而且即便模特兒經過3D掃描，也不會直接依照這個數據來製作，一定會經過手工修改。

座間工廠

在東京總公司製作的過程就介紹到這邊！

接下來我們就要去拜訪神奈川縣座間市的工廠囉！

再生紙

在總公司製作的模型

這就是材料？

在座間工廠製作的原型會依據總公司製作的模型製作成實際販售的人台商品。

為了拍攝方便，請工廠實際製作娃娃尺寸的迷你人台。

尺寸和『紙型教科書』作的人台相同。委託製

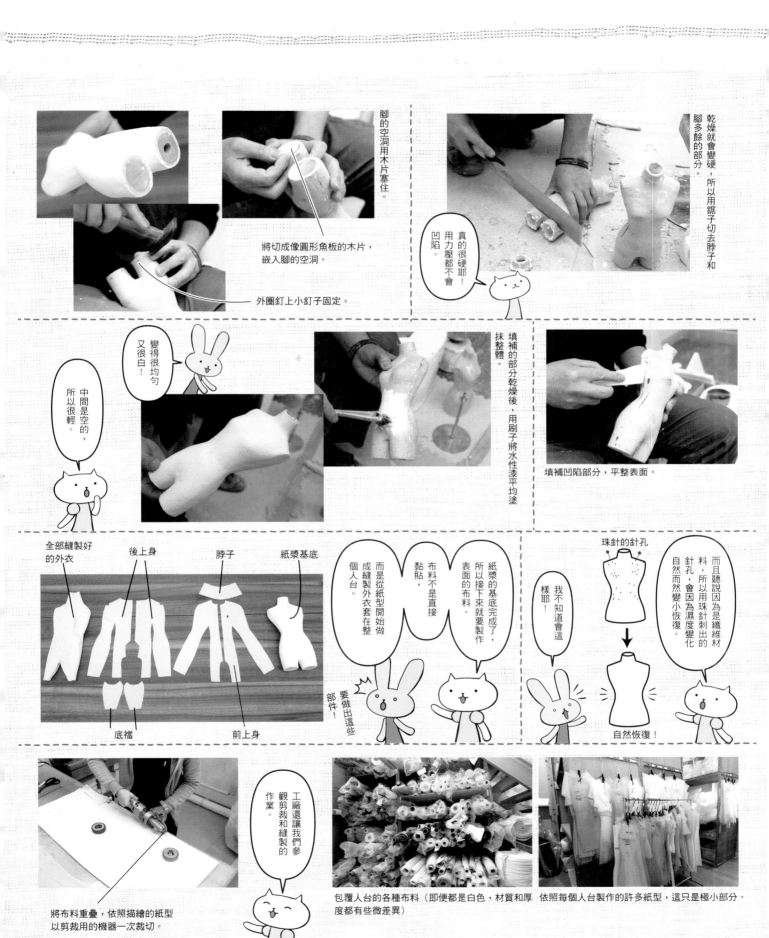

腳的空洞用木片塞住。

將切成像圓形魚板的木片,嵌入腳的空洞。

外圍釘上小釘子固定。

乾燥就會變硬,所以用鋸子切去脖子和腳多餘的部分。

真的很硬耶!用力壓都不會凹陷。

變得很均勻又很白!

中間是空的,所以很輕。

填補的部分乾燥後,用刷子將水性漆平均塗抹整體。

填補凹陷部分,平整表面。

全部縫製好的外衣

後上身

脖子

紙漿基底

底襠

前上身

紙漿的基底完成了,所以接下來就要製作表面的布料。

布料不是直接黏貼,而是從紙型開始做成縫製外衣套在整個人台。

要做出這些部件!

珠針的針孔

我不知道會這樣耶!

而且聽說因為是纖維材料,所以用珠針刺出的針孔,會因為濕度變化自然而然變小恢復。

自然恢復!

將布料重疊,依照描繪的紙型以剪裁用的機器一次裁切。

工廠還讓我們參觀剪裁和縫製的作業。

包覆人台的各種布料(即便都是白色,材質和厚度都有些微差異) 依照每個人台製作的許多紙型,這只是極小部分。

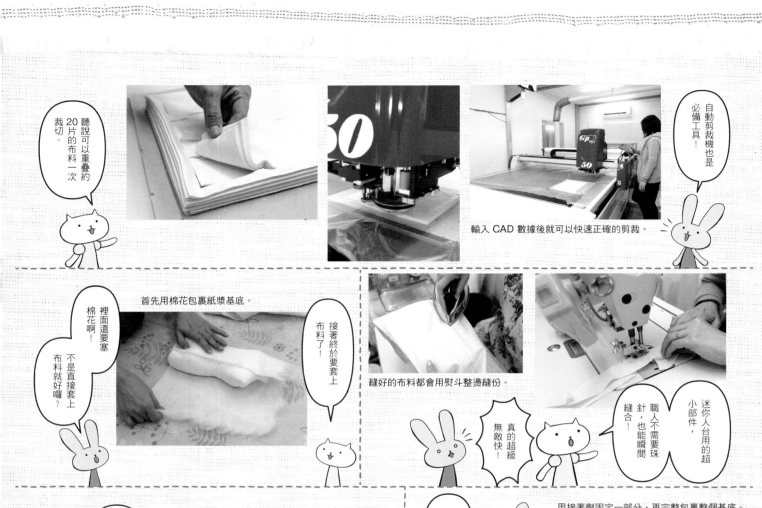

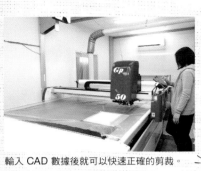

聽說可以重疊約20片的布料一次裁切。

必備工具！自動剪裁機也是

輸入 CAD 數據後就可以快速正確的剪裁。

首先用棉花包裹紙漿基底。

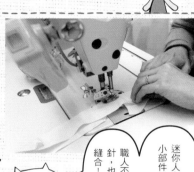

裡面還要塞棉花啊！

不是直接套上布料就好囉？

接著終於要套上布料了！

縫好的布料都會用熨斗整燙縫份。

迷你人台用的超小部件，職人不需要珠針，也能瞬間縫合！

真的超級無敵快！

為了避免讓包裹整齊的棉花散掉，會套上一層乙烯基，一邊用滑的一邊套上布料。

套上縫成人台形狀的布料。

變成毛茸茸的人台！

用接著劑固定一部分，再完整包裹整個基底。

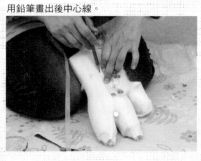
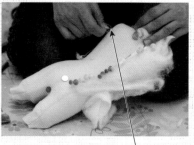
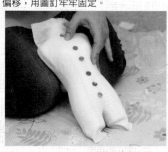

要正確像直直地畫出好像很難……

用鉛筆畫出後中心線。

一邊繃緊布料、平整皺褶，一邊在後中心阼近用圖釘固定。

為了繃緊布料、平整皺褶，不讓前中心偏移，用圖釘牢牢固定。

這時一旦布料內的縫份扭轉不平整，就用針刺進調整到正確的方向位置。

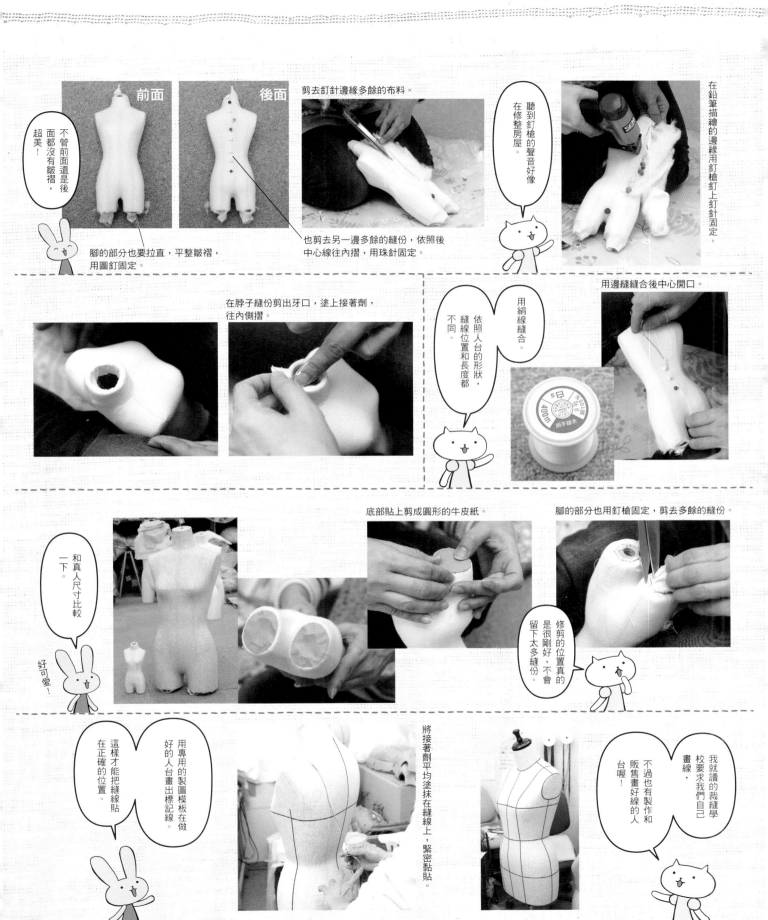

前面　後面

剪去釘針邊緣多餘的布料。

不管前面還是後面都沒有皺褶，超美！

腳的部分也要拉直，平整皺褶，用圖釘固定。

也剪去另一邊多餘的縫份，依照後中心線往內摺，用珠針固定。

聽到釘槍的聲音好像在修整房屋。

在鉛筆描繪的邊緣用釘槍釘上釘針固定。

在脖子縫份剪出牙口，塗上接著劑，往內側摺。

依照人台的形狀，縫線位置和長度都不同。

用絹線縫合。

用邊縫縫合後中心開口。

底部貼上剪成圓形的牛皮紙。

腳的部分也用釘槍固定，剪去多餘的縫份。

和真人尺寸比較一下。

好可愛！

修剪的位置真的是很剛好，不會留下太多縫份。

這樣才能把縫線貼在正確的位置。

用專用的製圖模板在做好的人台畫出標記線。

將接著劑平均塗抹在縫線上，緊密黏貼。

我就讀的裁縫學校要求我們自己畫線，不過也有製作和販售畫好線的人台喔！

裁切後可大幅改變長度和形狀，或保持中間的空洞，比紙漿人台更方便加工。

它的特色是比紙漿製人台更輕，更容易客製化。

但是或許不適合用於裁縫用，因為裁縫時好幾次。縫針在同一個地方刺

大家或許常在西裝店看到。

保麗龍製的人台多用於店內的展示陳列。

在座間工廠也會製作保麗龍材質的人台。

超級輕！

這是電商網站上常見的商品照片。

好厲害，好像穿在透明人身上。

衣服是立體的，但是完全看不到裡面的人台！

有的人台還可以展示衣服的內側，而且比起將衣服平放，更能立體展現衣服樣式。

一般人台的外側會裝上方便上下調整高度的部件。

底部若是空的，陳列放置時不但不會倒，還可將襯衫等衣褲往內收摺。

裁切掉這個部分，若展示V型衣褲的服裝，就不會瞥見裡面的人台。

聽說展示陳列用時，為了讓衣服更美觀，有各種巧思的加工類型。

要調整灌入高溫蒸氣的時間，好像是很難的一種技術。

外觀好像是紙漿人台，裡面卻是保麗龍。

原理好像很簡單，但是實際操作應該挺困難的。

好像還有一種萬法是像氣球一樣，將保麗龍在布料中膨脹製成。

模具製作，保麗龍除了會使用

可以將脖子分割的人台。將脖子的部分當成領帶和珠寶的展示架。

好像甜點師在海綿蛋糕上塗上鮮奶油一樣，快速倒落地作業。

添加材料將脖子調整成訂單的粗細。

添加不足的部分

想要有這樣的粗度

用模具製作的保麗龍人台，職人透過快速切割、增添材料來改變形狀。

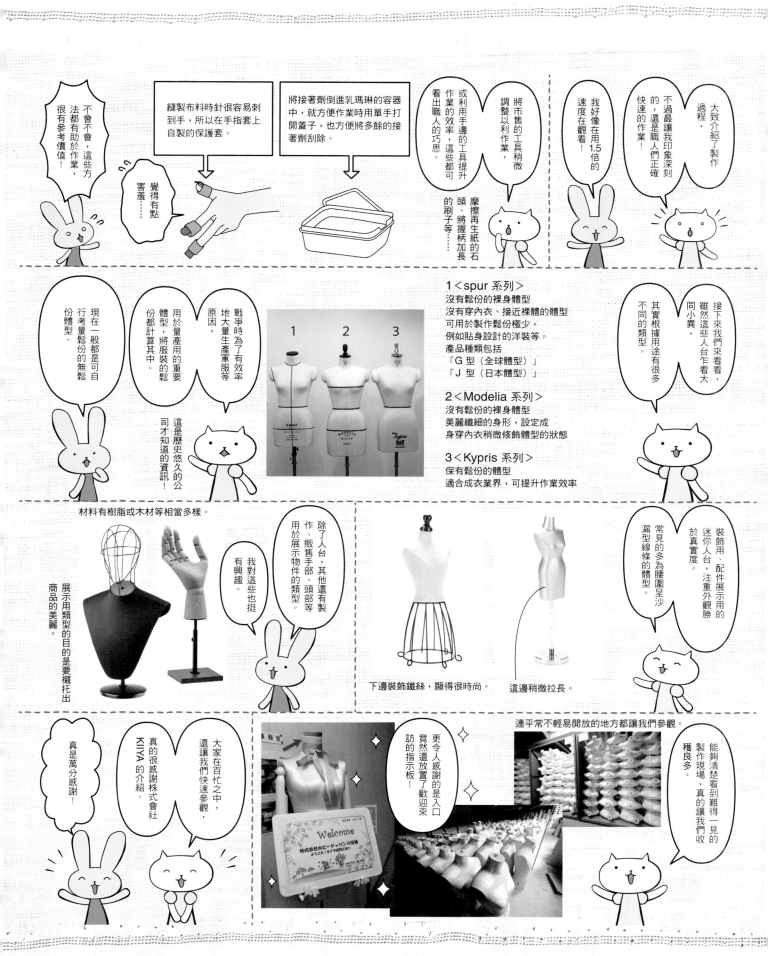

・性感體型的人台
（胸部大腰圍細的娃娃使用）
・纖瘦體型的人台
（男生或體型曲線不明顯的娃娃使用）

・大（大約是 60cm 娃娃）
・中（大約是 40cm 娃娃）
・小（大約是 1/6 娃娃）

準備的紙型有2種設計，尺寸則有分大中小。

紙漿基底太困難，所以身體的部分就用布塞進棉花來做做看！

我們無法達到一樣的品質，

但是利用布料和手邊的材料製作，或許可以自己做做看啊！

雖然參觀了人台的製作過程，但是職人的手法和技術實在太驚人了！

所以自己好像有點不太可能做到……

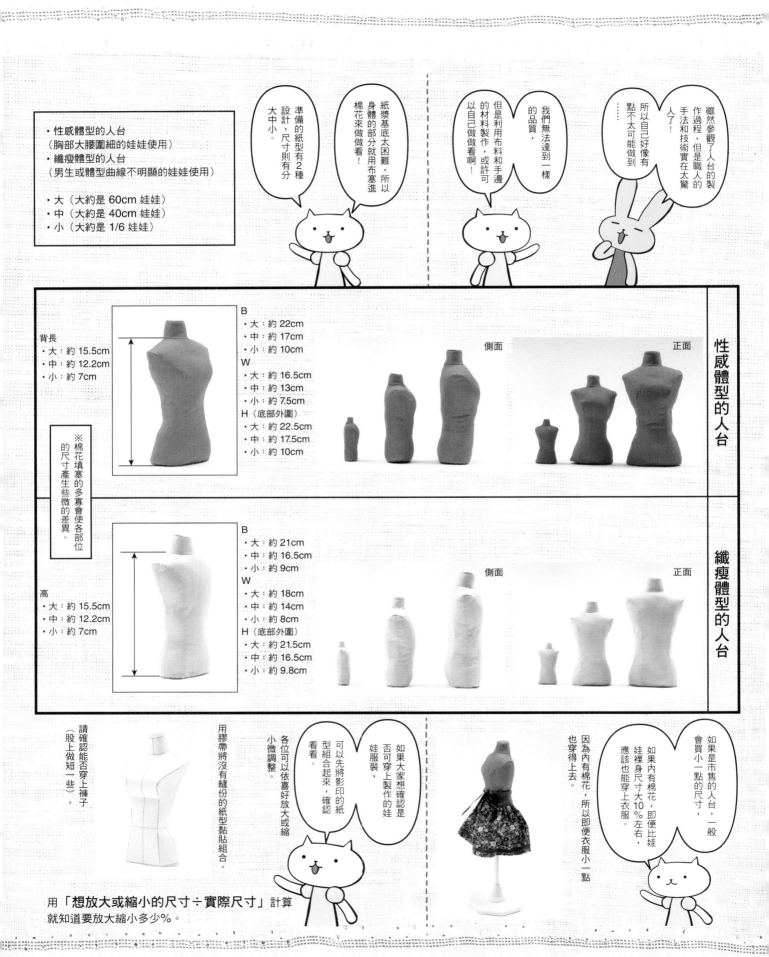

性感體型的人台

背長
・大：約 15.5cm
・中：約 12.2cm
・小：約 7cm

B
・大：約 22cm
・中：約 17cm
・小：約 10cm
W
・大：約 16.5cm
・中：約 13cm
・小：約 7.5cm
H（底部外圍）
・大：約 22.5cm
・中：約 17.5cm
・小：約 10cm

側面　　正面

※棉花填塞的多寡會使各部位的尺寸產生些微的差異。

纖瘦體型的人台

高
・大：約 15.5cm
・中：約 12.2cm
・小：約 7cm

B
・大：約 21cm
・中：約 16.5cm
・小：約 9cm
W
・大：約 18cm
・中：約 14cm
・小：約 8cm
H（底部外圍）
・大：約 21.5cm
・中：約 16.5cm
・小：約 9.8cm

側面　　正面

請確認能否穿上褲子（股上做短一些）。

用膠帶將沒有縫份的紙型黏貼組合。

各位可以依喜好放大或縮小微調整。

可以先將影印的紙型組合起來，確認看看。

如果大家想確認是否可穿上製作的娃娃服裝，

因為內有棉花，所以即便衣服小一點也穿得上去。

如果內有棉花，即便比娃娃裸身尺寸大10%左右，應該也能穿上衣服。

如果是市售的人台，一般會買小一點的尺寸，

用「**想放大或縮小的尺寸÷實際尺寸**」計算
就知道要放大縮小多少%。

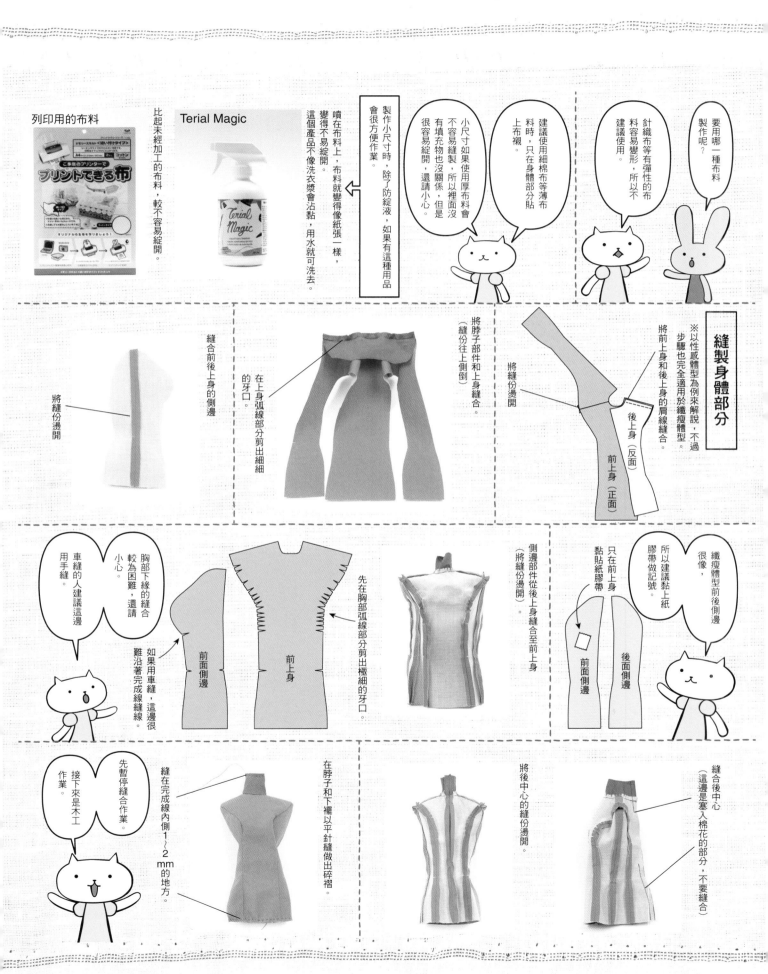

列印用的布料

比起未經加工的布料，較不容易綻開。

Terial Magic

噴在布料上，布料就變得像紙張一樣，變得不易綻開。這個產品不像洗衣漿會沾黏，用水就可洗去。

製作小尺寸時，布料就會很方便作業。除了防綻液，如果有這種用品會很方便作業。

小尺寸如果使用厚布料會不容易縫製，所以裡面沒有填充物也沒關係，但是很容易綻開，還請小心。

建議使用細棉布等薄布料時，只在身體部分貼上布襯。

針織布等有彈性的布料容易變形，所以不建議使用。

要用哪一種布料製作呢？

將縫份燙開

縫合前後上身的側邊

在上身弧線部分剪出細細的牙口。

將脖子部件和上身縫合。（縫份往上側倒）

將縫份燙開

將前上身和後上身的肩線縫合。

後上身（反面）

前上身（正面）

※以性感體型為例來解說，不過步驟也完全適用於纖瘦體型。

縫製身體部分

車縫的人建議這邊用手縫。

胸部下緣的縫合較為困難，還請小心。

如果用車縫，這邊難沿著完成線縫線。

前面側邊

前上身

先在胸部弧線部分剪出極細的牙口。

側邊部件從後上身縫合至前上身（將縫份燙開）

只在前上身黏貼紙膠帶

纖瘦體型前後側邊很像，所以建議黏上紙膠帶做記號。

前面側邊

後面側邊

接下來是木工作業。

先暫停縫合作業。

縫在完成線內側1～2mm的地方。

在脖子和下襬以平針縫做出碎褶

將後中心的縫份燙開。

縫合後中心（這邊是塞入棉花的部分，不要縫合）

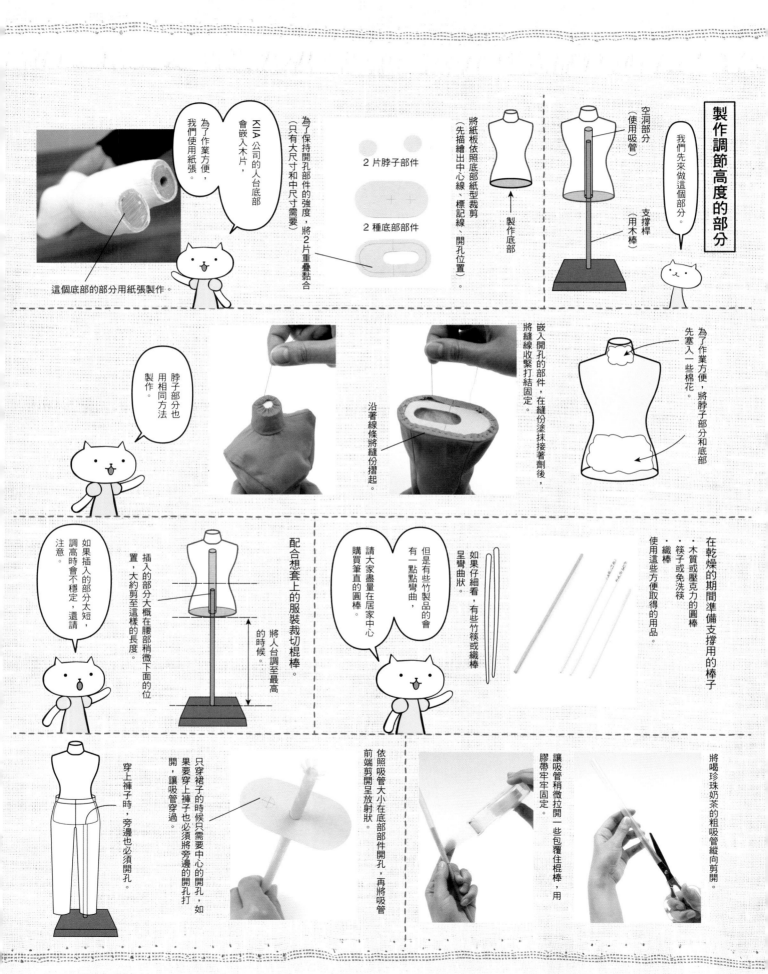

製作調節高度的部分

我們先來做這個部分。

空洞部分（使用吸管）

支撐桿（用木棒）

製作底部

將紙板依照底部紙型裁剪（先描繪出中心線、標記線、開孔位置）。

2片脖子部件

2種底部部件

為了保持開孔部件的強度，將2片重疊黏合（只有大尺寸和中尺寸需要）。

為了作業方便，我們使用紙張。

KIIA公司的人台底部會嵌入木片，

這個底部的部分用紙張製作。

先塞入一些棉花。

為了作業方便，將脖子部分和底部

嵌入開孔的部件，在縫份塗抹接著劑後，將縫線收緊打結固定。

沿著線條將縫份摺起。

脖子部分也用相同方法製作。

在乾燥的期間準備支撐用的棒子

・木質或壓克力的圓棒
・筷子或免洗筷
・織棒

使用這些方便取得的用品。

如果仔細看，有些竹筷或織棒呈彎曲狀。

但是有些竹製品的會有一點點彎曲，請大家盡量在居家中心購買筆直的圓棒。

配合想套上的服裝裁切棍棒。

插入的部分大概在腰部稍微下面的位置，大約剪至這樣的長度。

將人台調至最高的時候。

如果插入的部分太短，調高時會不穩定，還請注意。

將喝珍珠奶茶的粗吸管縱向剪開。

讓吸管稍微拉開一些包覆住棍棒，用膠帶牢牢固定。

依照吸管大小在底部部件開孔，再將吸管前端剪開呈放射狀。

只穿裙子的時候只需要中心的開孔，如果穿上褲子也必須將旁邊的開孔打開，讓吸管穿過。

穿上褲子時，旁邊也必須開孔。

透過光線，就可以看到開孔的位置。

開孔部分塗上防綻液，乾燥後用美工刀或剪刀剪成放射狀，往內摺並且用接著劑黏合。

周圍剪出牙口後，往內摺並且用接著劑黏合。

底部用接著劑黏上布料，留下5mm～7mm的周圍布料後，剪去多餘部分。

建議使用隱形膠帶，它和透明膠帶相比，較不容易損壞。

黏貼時要讓吸管和底部保持垂直。

用接著劑黏貼底部的吸管，並且貼上一層膠帶固定。

將底部黏在身體前，先用膠帶等將內側牢牢固定。

如果不需要調整高度，也可以不使用吸管，只穿過棒子固定即可。

用夾子或洗衣夾牢牢固定貼合。

嵌入人台的底部後，用接著劑黏合。

建議先用膠帶堵住上部的開孔。

修剪長度避免讓吸管超出人台。

脖子部件的黏貼方法和底部相同。

鈕扣

在紙板剪出牙口。

黏貼鈕扣時，不是黏在脖子部件，而是插入紙板的牙口。

脖子部分可黏上木工部件或鈕扣，就會變得很時尚。

等等！我沒有電鑽耶！

用電鑽在木質底座或杯墊開孔後，用接著劑將剛才剪斷的筷子固定在上面。

底座

接下來要製作底座。

製作底座部分

塞入棉花時，請注意不要使內部的吸管歪斜。

接著劑完全乾燥後，從後中心塞入棉花，用邊縫將開口縫合。

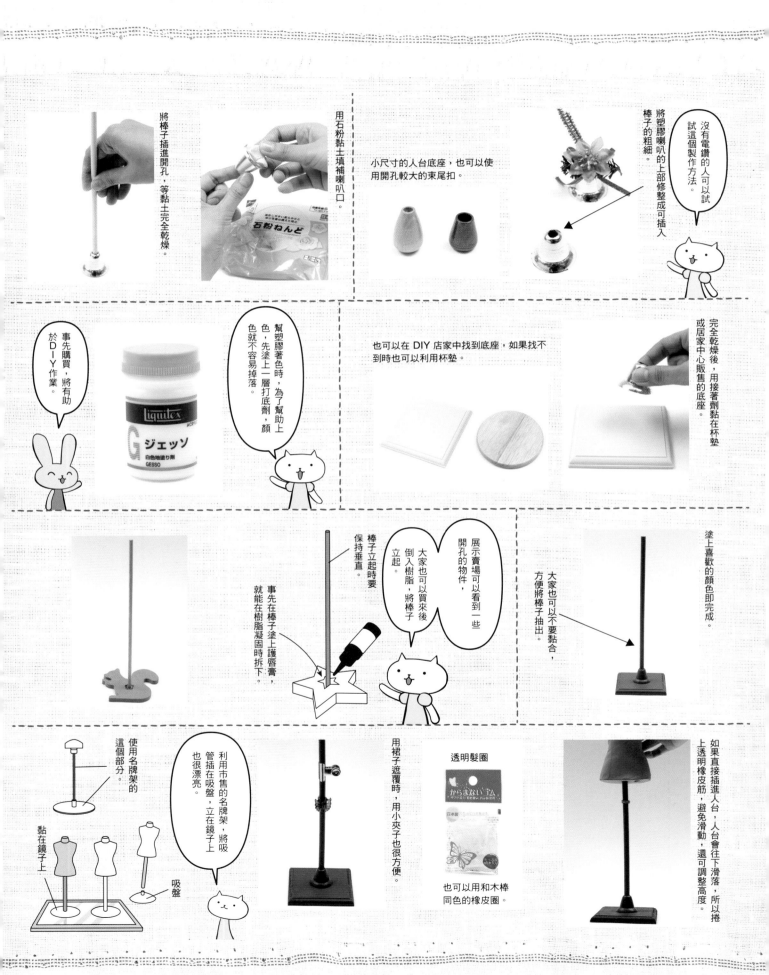

將棒子插進開孔，等黏土完全乾燥。

用石粉黏土填補喇叭口。

小尺寸的人台底座，也可以使用開孔較大的束尾扣。

將塑膠喇叭的上部修整成可插入棒子的粗細。

沒有電鑽的人可以試試這個製作方法。

事先購買，將有助於DIY作業。

幫塑膠著色時，為了幫助上色，先塗上一層打底劑，顏色就不容易掉落。

也可以在DIY店家中找到底座，如果找不到時也可以利用杯墊。

完全乾燥後，用接著劑黏在杯墊或居家中心販售的底座。

棒子立起時要保持垂直。

事先在棒子塗上護唇膏，就能在樹脂凝固時拆下。

大家也可以買來後倒入樹脂，將棒子立起。

展示賣場可以看到一些開孔的物件，

大家也可以不要黏合，方便將棒子抽出。

塗上喜歡的顏色即完成。

使用名牌架的這個部分。

黏在鏡子上

吸盤

利用市售的名牌架，將吸管插在吸盤，立在鏡子上也很漂亮。

用裙子遮覆時，用小夾子也很方便。

透明髮圈

也可以用和木棒同色的橡皮圈。

如果直接插進人台，人台會往下滑落，所以捲上透明橡皮筋，避免滑動，還可調整高度。

解說作法的人台，是從黏土捏塑好的人台描繪出紙型。

用鋁箔紙包裹，製作出半身的紙型。

用黏土捏塑的身體

捏塑形狀時，考慮製作出一般的平均體型，以便適用於任何一種體型的娃娃。

用輕黏土從零製作身體，等待完全乾燥。

用黏土從零製作身體的作法還有以下方法。

縫好後，剪去多餘的縫份。

不要全部縫合，在底部預留返口。

用褲襪包裹縫製出身體形狀。

稍微有點凹凸起伏沒有關係。

製作技巧在於做得小一點。

輕黏土還可以用來插珠針。

在底部插入木棒。

翻回正面，重新穿在黏土做的身體。

袖珍娃娃的人台好像沒有這麼困難？

大家試試運用自己的巧思，製作出獨創的人台吧！

身體部分用編織線裝飾，或用標線膠帶捲繞當成裁縫用的人台。

或用紙膠帶裝飾底座都很可愛。

直接用市售的娃娃素體翻模成人台也是一種方法。

但是如果是這個方法，製作好的人台，不可以在二手拍賣平台和活動中販售，這點還請注意。

不可以販售，但是可以展示和刊登拍攝的照片。

性感體型中和性感體型大的紙型刊登在卷末的紙型頁面。

性感體型
（胸部大、腰圍細的娃娃使用）

Pattern Workshop by 荒木佐和子

・小（大約是 1/6 娃娃）
・中（大約是 40cm 娃娃）
・大（大約是 60cm 娃娃）

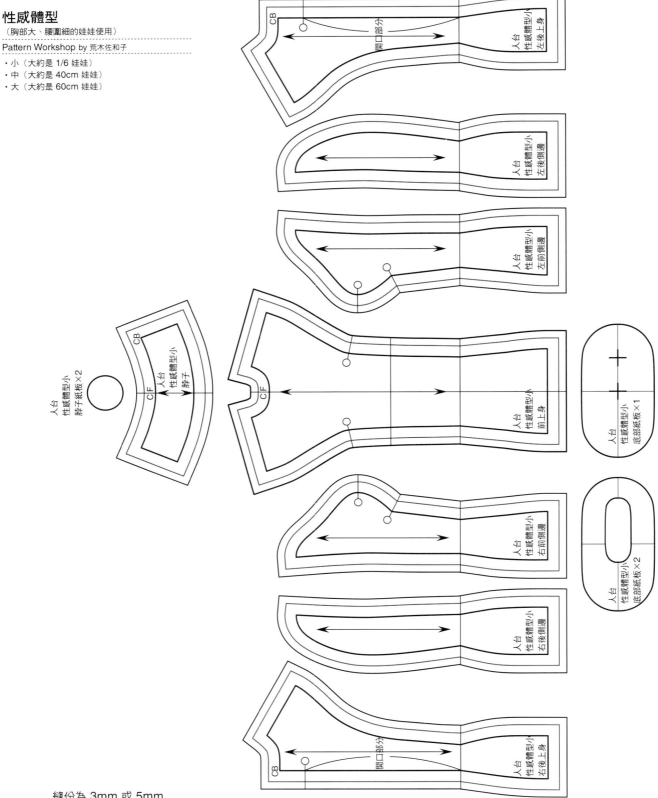

縫份為 3mm 或 5mm
請選用方便作業的尺寸。

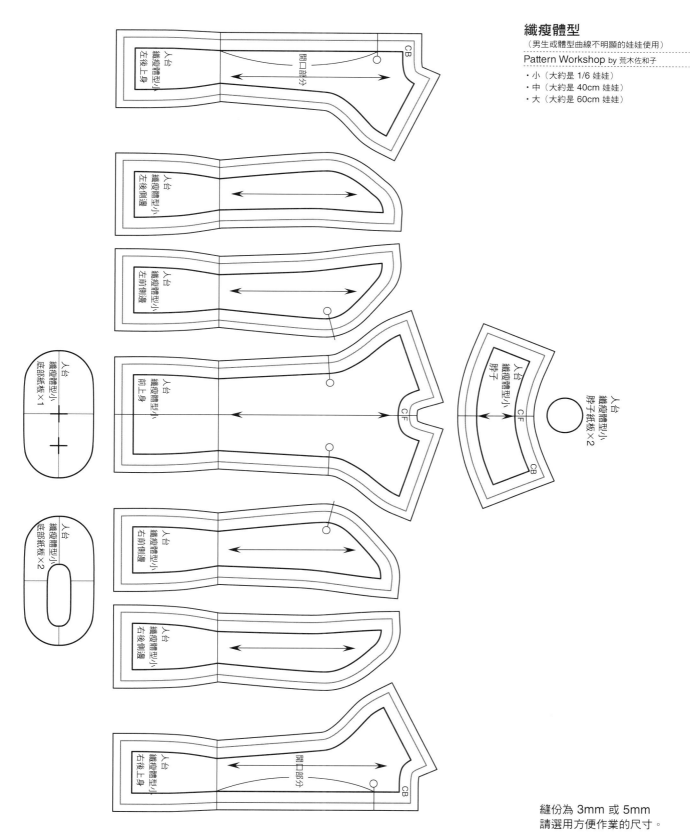

纖瘦體型
（男生或體型曲線不明顯的娃娃使用）
Pattern Workshop by 荒木佐和子
・小（大約是 1/6 娃娃）
・中（大約是 40cm 娃娃）
・大（大約是 60cm 娃娃）

縫份為 3mm 或 5mm
請選用方便作業的尺寸。

纖瘦體型中和纖瘦體型大的紙型刊登在卷末的紙型頁面。

salon de momiji

這次示範的娃娃是分解鬆脫的 Betsy McCall，
是由美國角色娃娃公司出品的 8 英吋娃娃，
我們連一頭亂髮都重新梳理，重現娃娃的美麗。

photo & text : momiji igarashi　dress : salon de monbon

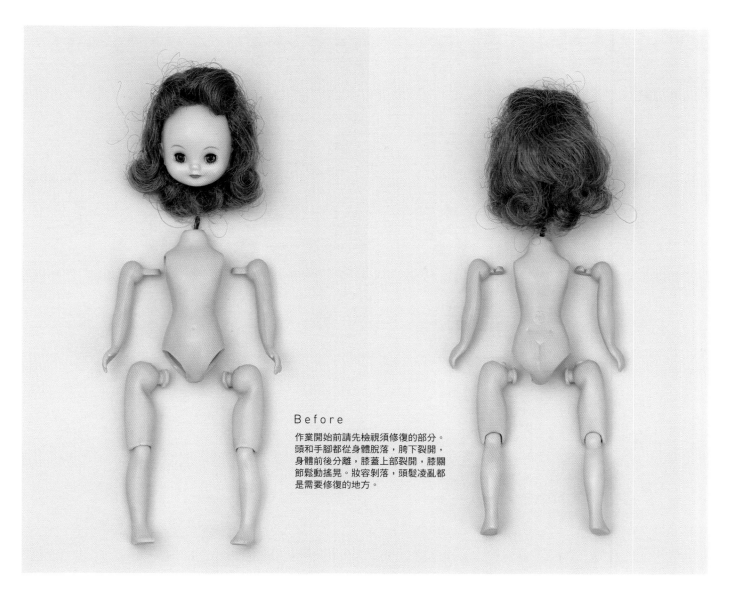

Before

作業開始前請先檢視須修復的部分。
頭和手腳都從身體脫落,胯下裂開,
身體前後分離,膝蓋上部裂開,膝關
節鬆動搖晃。妝容剝落,頭髮凌亂都
是需要修復的地方。

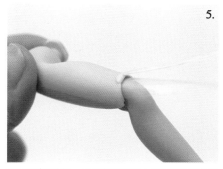

5.

除了裂痕的部分,要將瞬間膠補土塗抹覆蓋在整個
膝蓋上部,厚厚塗抹以增加強度。之後會用砂紙磨
平,所以可以稍微塗多一些。

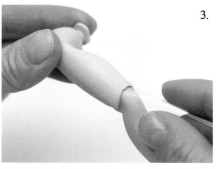

3.

將塑膠薄片緊緊插進膝關節防護,以免在下一個步
驟中,讓膝蓋沾到瞬間膠補土。

1.

將中性清潔劑和熱水調和成清洗液,將毛巾浸泡其
中後,擦去身體的汙漬。擦拭乾淨後,再用清水擦
去清洗液,並且用乾毛巾完全擦乾。

6.

噴上硬化促進劑放置約 10〜20 分鐘使其硬化。如
果塗得不夠多,再次塗抹補土並且等待硬化,重複
這些步驟。

4.

在瞬間膠補土「膚色」混入「洋紅色」和「黃色」,
調出近似肌膚的顏色。

2.

先修復膝蓋的裂痕。膝關節鬆動的腳,使膝蓋往反
方向彎曲,所以膝蓋上部產生很多裂痕。依照膝關
節的寬度(約 1.5cm)裁剪塑膠薄片。

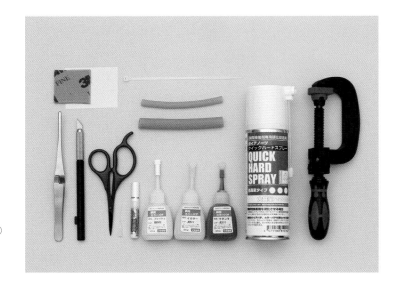

Material 01
鑷子
筆刀
海綿砂紙
塑膠薄片
剪刀
束帶（15cm）
橡膠管（直徑 1.5cm，1.2cm）
瞬間接著劑附細長噴嘴
瞬間膠補土
硬化促進劑
夾具

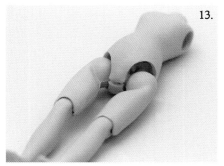

13.

雙腳和身體嵌合好的樣子。大腿部留有間隙，所以雙腳仍會鬆動搖晃。

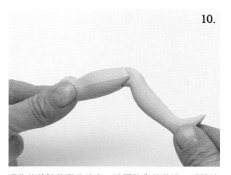

10.

硬化後將膝蓋彎曲伸直，確認修復的狀況。瞬間接著劑填補的部分產生厚度，使關節更穩固。

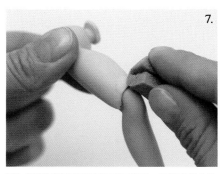

7.

硬化後用海綿砂紙將表面磨至平滑，如果磨得太過度會削弱強度，所以先塗厚一點。

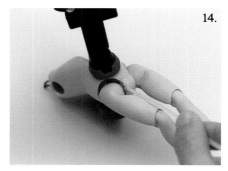

14.

修補胯下。用夾具前後夾住，用力壓緊來消除間隙，若太用力會裂開，只要沒有間隙就可以停止施力，再用修補膝蓋裂痕的瞬間膠補土遮覆胯下的接縫。

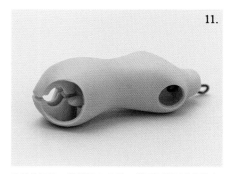

11.

膝蓋修好後，將腳嵌入身體。從兩側將腳的根部插入中央圓孔的凹槽。

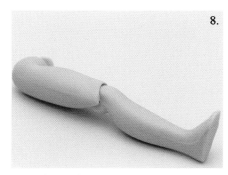

8.

側面看時呈現自然的線條，就表示外觀修復良好。

15.

如果塗得太少，補土會裂開，所以盡量塗厚一些。噴塗硬化促進劑，放置約 10～20 分鐘使其硬化。

12.

將腳根部的接觸面往身體後側嵌入，就像將身體隆起部分放在腳根部的接觸面一樣。

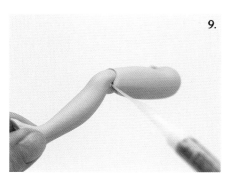

9.

這是關節鬆脫到無法站立時的修復方法，舊型Betsy 娃娃多為膝蓋有軸承的樣式，將瞬間接著劑注入軸承穿過的洞，增加軸承粗度。

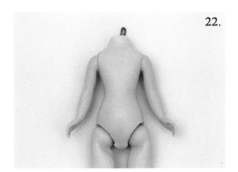

22.

手臂修好，原本分崩離析的身體都連接在一起了。

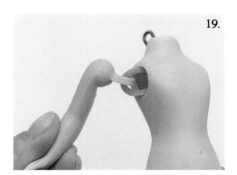

19.

將手臂插入身體，並且避免橡皮筋鬆脫。

16.

雙腳牢固的樣子。瞬間膠補土帶有光澤感，所以硬化後將表面輕輕修磨，就會呈現如肌膚般的質感。

23.

接著來維修頭部。要拿下假髮時，先在熱水浸泡約 10 分鐘，就很容易將接著劑慢慢剝離。

20.

用鑷子從另一側洞口拉出橡皮筋，如果有反向鑷子將有利於作業。

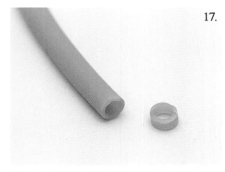

17.

連接左右手臂的橡皮筋直徑約 1.2cm。準備口徑相近的橡皮管（居家中心和手工藝店有提供裁切販售的服務），剪成約 4mm 的寬度。

24.

將手指一點一點伸進假髮和娃頭間並將兩者分離。假髮基底的橡膠因為年久老壞，有時基底部分只要輕輕觸碰就會損壞，所以要特別小心。如果遇到這種情況就不要將假髮剝離，直接修復頭髮即可。

21.

確認身體裡的橡皮筋是否有扭轉，將另一隻手臂的根部勾住橡皮筋並套進身體裡。

18.

將剪下的橡皮筋套在一隻手臂的根部。

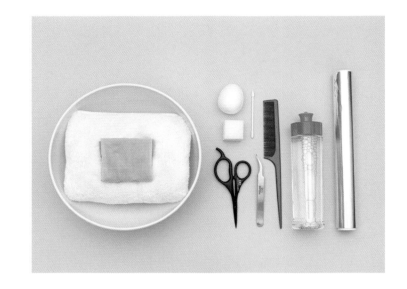

Material 02

盆子
毛巾
長絲襪
剪刀
珠針
保麗龍球
科技海綿
棉花棒
鑷子
扁梳
洗劑
鋁箔紙

31.

將頭髮分出瀏海和後面頭髮之間的髮線，不要讓前後頭髮混雜。將瀏海從根部開始放在鋁箔紙上，用扁梳往下梳整齊。

28.

用毛巾輕輕擦去水分。到這個階段假髮已頗為乾淨整齊。

25.

假髮剝離後，將中性洗劑在溫水中混合成清洗液，用來清洗假髮。

32.

鋁箔紙左右多餘的部分往內摺，夾住瀏海後，從髮梢往內側捲。

29.

將鋁箔紙剪成方便捲起的尺寸。之後的作業有時會因為假髮劣化的程度而無法耐熱，所以作業時要觀察假髮的狀況。

26.

不斷換熱水清洗直到假髮洗乾淨，洗好後將假髮浸泡在混有潤絲精的溫水搓揉。先用扁梳的尖尾將假髮大致捊順。

33.

用珠針固定在保麗龍球上。

30.

將假髮套在保麗龍球上，用珠針固定。

27.

梳理時抓起少量髮束，將髮尾捲在指尖梳開，並且梳整成髮梢向外捲翹的樣子。

Material 03

不透明壓克力顏料
塗料盤
筆
Mr. Color 模型漆
紙調色盤
紙膠帶
鑷子
剪刀
接著劑

34.

後面的頭髮和瀏海相反，用鋁箔紙夾住頭髮後向外往上捲。

37.

拆除鋁箔紙，用毛巾輕輕擦去水分，讓假髮自然乾燥後從保麗龍球取下，假髮就變得整齊漂亮了。

40.

接下來為娃娃重新上妝。用紅色和粉紅色的 Mr. Color 模型漆調成腮紅的顏色。

35.

從正面確認位置並用珠針固定。分成左右兩側、後面共 3 束頭髮捲起。髮量較多不易捲起時，將後面的頭髮分成 2 束。

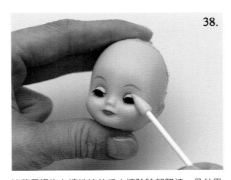

38.

接著用浸泡在清洗液的毛巾擦除臉部髒汙。另外用前端較細的棉花棒仔細清除容易堆積在眼皮的髒汙。

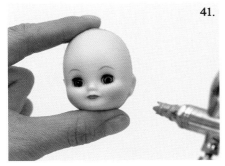

41.

用噴筆噴塗在臉頰。稍微塗濃一些，表現出 Besty 特有的可愛氛圍。

36.

為了避免髮捲鬆脫，將整個假髮用裁剪後的長絲襪包裹住，放置盆子裡浸泡在熱水約 10 分鐘，利用加熱增加捲度。之後再浸泡在冷水中固定捲度。

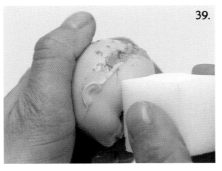

39.

如果有變色的接著劑附著在臉上，用科技海綿輕輕擦除。

42.

選擇近似原本眉毛的米色水彩顏料，並用水稀釋溶化。

49.

放置約 5～10 分鐘。

46.

上妝完成。

43.

首先填補眉毛磨損部分的顏色。乾燥後再次為兩道眉毛描上淡淡的顏色，讓重新上妝的地方更為自然。

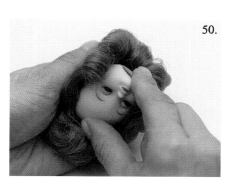

50.

將假髮放在掌心，黏著面朝上，確認位置後放上娃頭緊緊壓住黏合。放置 1 天讓兩者完全黏合。

47.

將假髮黏在娃頭。在假髮和頭部薄薄塗上接著劑。

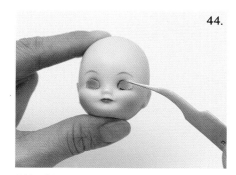

44.

將紙膠帶剪成眼珠的形狀，黏貼遮覆在眼睛上面。

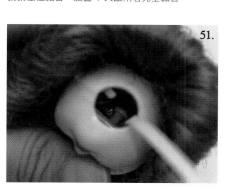

51.

最後用束帶和橡皮筋將娃頭和身體相連。先將束帶插入娃頭內的棒軸下方，再用鑷子從另一側拉出。

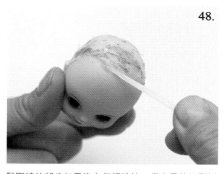

48.

髮際線的部分如果沒有仔細塗抹，很容易使假髮剝離，所以要特別小心塗抹。

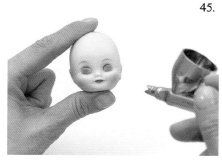

45.

將整張臉噴上消光漆，調整臉部質感後等待乾燥。

After

將分崩離析的娃頭、手臂和雙腳合
體。補強了膝關節,讓娃娃變得能稍
微自己站立。乾燥粗糙的頭髮經過整
理,還重新上妝,修復成一個漂亮的
娃娃。

56.

用鑷子將束帶頭部壓住,收緊束帶尾端直到扣住。
剪去多餘的尾端部分,以免影響娃娃內部連接。

54.

將束帶尾端部分插入束帶頭部(方形部分),將橡
皮筋套在露出脖子的金屬部件。

52.

從直徑約 1.4cm 的橡皮管剪下 5mm 寬的橡皮
筋。(※橡皮的伸縮性因種類而有所不同,所以在
固定之前一定要先確認伸縮程度)

57.

調整頭髮捲度,將娃頭和身體結合。

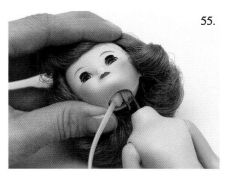

55.

收緊束帶尾端,將束帶頭部藏入娃頭中。

53.

將剪下的橡皮筋套進束帶尾端(尖的那端)。

Dress
by salon de
monbon

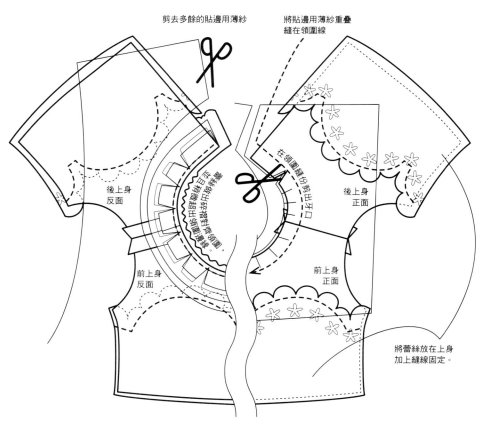

剪去多餘的貼邊用薄紗

將貼邊用薄紗重疊
縫在領圍線

後上身
反面

在領圍縫份剪出牙口

後上身
正面

前上身
反面

前上身
正面

將蕾絲放在上身
加上縫線固定。

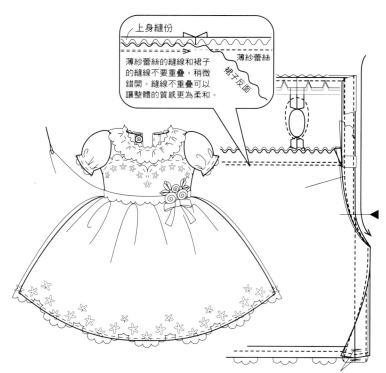

上身縫份

薄紗蕾絲

薄紗蕾絲的縫線和裙子
的縫線不要重疊，稍微
錯開。縫線不重疊可以
讓整體的質感更為柔和。

裙子反面

蕾絲洋裝

material [長×寬]
□薄布料：40cm×16cm
□寬薄紗蕾絲：9cm 寬×58cm
□細蕾絲（衣領、袖子、腰圍用）：1.5cm 寬×56cm
□衣領貼邊用的薄紗：10cm×10cm
□4 條芯鬆緊帶：30cm
□3.5mm 寬刺繡緞帶：適量
□5mm 按扣：2 組

How to make ＜連身裙＞
①將剪裁好的每片布料邊緣都經過防綻處理。裝飾的寬
　薄紗蕾絲對齊前上身和後上身的正面，在蕾絲的邊緣
　縫合。剪去多餘的蕾絲。
②前上身和後上身的肩線正面相對縫合，用熨斗燙開縫
　份。
③將衣領用薄紗重疊在上身正面，從反面縫合在領圍線
　上。在領圍縫份剪出牙口，將薄紗和縫份往反面倒後
　並用熨斗整燙。在領圍縫上壓縫線，剪去多餘的薄
　紗。
④剪一條約 20cm 的細蕾絲，依喜好做出碎褶量。將
　蕾絲對齊上身領圍正面，從反面看蕾絲超出衣領約
　1mm，從正面將蕾絲縫在領圍邊緣。在距離後上身
　邊緣約 1.2cm 處是按扣的位置，所以這邊不要有碎
　褶。
⑤將袖口依完成線摺起，依喜好將蕾絲重疊在袖口，並
　且超出袖口邊緣約 2〜3mm 後，從正面縫合。
⑥在袖子的碎褶線拉緊鬆緊帶。將袖子用鬆緊帶剪成 2
　條，在中央標記出相距 2.8cm 的記號。將鬆緊帶記
　號和袖子反面鬆緊帶位置的完成線對齊重疊，不拉緊
　鬆緊帶，從縫份縫合至完成線。不移開車縫針和壓布
　腳，將另一側的完成線和鬆緊帶記號對齊，拉緊鬆緊
　帶沿著鬆緊帶縫合線持續縫合。不拉緊鬆緊帶，從縫
　份縫合至完成線後，剪去多餘的鬆緊帶。
⑦在袖山用手縫做出碎褶，和上身袖圍正面相對縫合。
　不要將縫份熨倒，使袖山呈現蓬蓬的樣子。袖口〜上
　身側邊正面相對縫合，在上身側邊的縫份剪出牙口。
　將上身翻回正面。使用緞面等容易綻開的布料時，建
　議不要在袖山和袖下的縫份剪出牙口。
⑧將裙襬依照完成線摺起縫合。將寬薄紗蕾絲對齊裙子
　的橫寬，依喜好預留蕾絲超出裙襬的長度後，剪去多
　餘的部分。在寬薄紗蕾絲的腰圍縫份做出碎褶，和上
　身衣襬正面相對縫合，抽去碎褶線。
⑨在裙子本身的腰圍縫份做出碎褶，和步驟⑧縫有薄紗
　的上身正面相對，在薄紗縫份線稍微內側的位置縫
　合。抽去裙子的碎褶線，將縫份往上身倒。用熨斗整
　燙縫份，在上身腰圍加上縫線固定。
⑩將細蕾絲剪成比腰長稍長的長度，寬度摺半後當成腰
　帶。將腰帶對齊腰圍，用疏縫暫時固定，縫的時候要
　避開緞面刺繡的部分。
⑪依喜好將玫瑰緞帶刺繡固定在腰圍。針比較難穿過和
　縫份重疊的部分，建議避開這個位置。做一個蝴蝶結
　縫在玫瑰刺繡的下方。將腰帶縫在上身兩側固定，縫
　線不要太明顯，固定後抽去疏縫線。
⑫調整重疊在上身和裙子的蕾絲，在後中心的縫份邊緣
　加上縫線，固定蕾絲。剪去超出縫份的蕾絲。
⑬後開口的縫份摺至開口止點，接著斜摺至開口止點稍
　微下方的位置後疏縫。將後開口縫至開口止點稍微下
　方的位置後抽去疏縫線。
⑭裙子的後中心正面相對，從裙襬縫合至開口止點，用
　熨斗燙開縫份，打開裙襬縫份加上縫線固定。
⑮將整個洋裝翻回正面，加上按扣。

寬簷半遮帽

material [長×寬]
□ 薄布料：25cm×9cm
□ 寬薄紗蕾絲（重疊在本體正面用）：13cm×4cm
□ 薄蕾絲（帽簷用）：寬 1.4～1.5cm×35cm 左右
□ 3.5mm 寬刺繡緞帶（刺繡用）：適量
□ 7mm 寬刺繡緞帶（打結用）：適量

How to make＜半遮帽＞
①將薄紗蕾絲重疊在一片本體正面後，大略將縫份縫起固定
（在作法範例中，本體和帽簷使用和連身裙相同的布料，
薄紗蕾絲使用和重疊在裙子相同的蕾絲）。
②帽簷正面朝外對摺並抓出碎褶後，放在步驟①本體蕾絲的
上面，並且對齊前側的完成線，調整寬度後縫合。
③將蕾絲（帽簷用）重疊在帽簷的內側。將蕾絲摺成約 5～
6mm 的褶襴並收整在內側，不要超過帽簷的邊緣，在帽
簷的縫份縫上疏縫。
④帽簷和蕾絲的縫份往本體反面倒，在本體邊緣加上縫線。
抽去疏縫線。
⑤將半遮帽打結用的緞帶對齊本體緞帶縫合的位置，將緞帶
末端稍微摺起，對齊縫份後縫合固定。
⑥將步驟⑤的蕾絲和另一片本體正面相對，沿著帽簷以外的
完成線縫合，不要縫到帽簷部分的完成線。剪去縫份的邊
角並翻回正面。用熨斗整燙形狀，在本體的後面邊緣加上
縫線。
⑦在本體正面兩側加上玫瑰緞帶刺繡。做一個蝴蝶結縫在玫
瑰的下方。
⑧本體反面的縫份依照完成線摺起，用手縫固定。
⑨打結用的緞帶剪成喜歡的長度，在緞帶末端塗上防綻液。

襯裙

material [長×寬]
□ 細棉布：40cm×8cm
□ 寬約 32cm 荷葉邊蕾絲：40cm
□ 4 條芯軟鬆緊帶：10cm 以上

How to make＜襯裙＞
①在裁切好的布料邊緣塗上防綻液。腰圍縫份依照完成線摺
起後加上縫線。
②將裙襴蕾絲從正面重疊在蕾絲縫合位置縫合。
③將鬆緊帶穿過腰圍後抓出碎褶，將腰寬調整為 7.5cm
後，將兩側縫份暫時縫起固定，避免鬆緊帶鬆脫。剪去多
餘的鬆緊帶。
④將襯裙後中心正面相對縫合。
⑤打開後中心的縫份，在裙襴蕾絲加上縫線避免綻開（請參
考連身裙的裙襴）。

蕾絲襪

material [長×寬]
□ 薄針織布：6cm×10cm
□ 寬 1cm 蕾絲鬆緊帶：適量

How to make＜蕾絲襪＞
①將襪子的上緣縫份往反面摺，將蕾絲鬆緊帶重疊在正面縫
合。剪去多餘的蕾絲，只在蕾絲部分塗防綻液。
②襪子正面相對重疊，沿著完成線縫合後翻回正面。

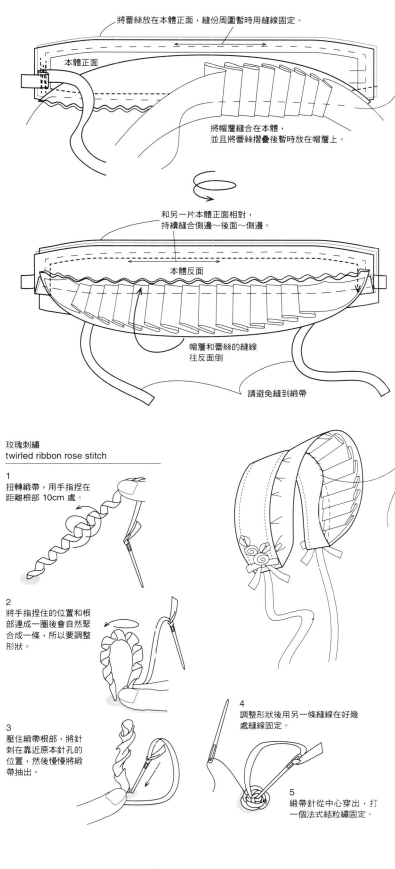

將蕾絲放在本體正面，縫份周圍暫時用縫線固定。

本體正面

將帽簷縫合在本體，
並且將蕾絲摺疊後暫時放在帽簷上。

和另一片本體正面相對，
持續縫合側邊～後面～側邊。

本體反面

帽簷和蕾絲的縫線
往反面倒

請避免縫到緞帶

玫瑰刺繡
twirled ribbon rose stitch

1
扭轉緞帶，用手指捏在
距離根部 10cm 處。

2
將手指捏住的位置和根
部連成一圈後會自然聚
合成一條，所以要調整
形狀。

3
壓住緞帶根部，將針
刺在靠近原本針孔的
位置，然後慢慢將緞
帶抽出。

4
調整形狀後用另一條縫線在好幾
處縫線固定。

5
緞帶針從中心穿出，打
一個法式結粒繡固定。

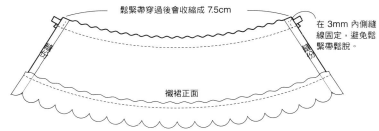

鬆緊帶穿過後會收縮成 7.5cm

在 3mm 內側縫
線固定，避免鬆
緊帶鬆脫。

襯裙正面

Dolly New Items

為大家介紹 2020 年秋天以後發售的娃娃系列新品。

※價格基本上都以「含稅價」標示，其中包含已經完售的商品，還請留意。

TAKARA TOMY
タカラトミー

莉卡娃娃和動漫『鬼滅之刃』聯名！
莉卡的新朋友 Himari 是妝容可愛的人氣美妝影片創作者。

莉卡娃娃和遙斗君與動畫『鬼滅之刃』的聯名！

夢幻彩妝 Himari 娃娃
●5,170 日圓 ●預定 2021 年 4 月 29 日發售
加上冰水，眼睛就會出現可愛妝容！還有閃亮冷水瓶、美妝小物和髮片等賞心悅目的小配件！

▲Himari 娃娃是美妝 YouTuber。不可思議的超強美妝技巧，讓人深陷其魅力之中。♡

鬼滅之刃 竈門炭治郎×遙斗君
●9,900 日圓 ●預定 2021 年 5 月發售
遙斗君的額頭有竈門炭治郎的燒傷疤痕！還配有日輪刀和耳飾！

鬼滅之刃 竈門禰豆子×莉卡娃娃
●9,900 日圓 ●預定 2021 年 5 月發售
莉卡娃娃的頭髮為雙色調，分別為黑色和橘色，而且長短不一。竹筒配件也不顯突兀。

©吾峠呼世晴／集英社・Aniplex・ufotable
©TOMY

商品洽詢 ▶株式會社 TAKARA TOMY　客戶洽詢室 TEL：0570-041031（專線電話）

LITTLE FACTORY
リトルファクトリー

除了福島的城堡，東京日本橋和神戶三宮的門市也越來越受歡迎！6 月的月份娃娃也預計在 5 月的莉卡城堡活動和展會發售。

▶莉卡娃娃系列的 Palette F，水汪汪的瞳孔和粗眉令人著迷！
●5,500 日圓 ●預定 2021 年 4-5 月發售
2021 年 6 月 S 月份娃娃系列 Palette F

2021 年度版的生日娃娃　莉卡娃娃
●5,500 日圓 ●預定 2021 年 4 月發售（全部通路）
▲大幅內彎的捲髮優雅迷人。

2021 年度版的生日洋裝（22cm 的尺寸）
●4,180 日圓 ●預定 2021 年 4 月發售（全部通路）
粉紅灰加胭脂紅的色彩搭配，氣質優雅。

小領片連身裙（22cm 的尺寸）
●1,980 日圓 ●預定 2021 年 4-5 月發售
▲優雅的灰色衣裝配上白色衣領和袖口卡夫，彼此相得益彰。

2021 年 6 月的月份娃娃　Louise
●3,850 日圓 ●預定 2021 年 4-5 月發售
▲珍妮娃娃系列的 Louise，妝髮都統一為粉紅色調。

2021 年 6 月的月份娃娃　Erika
●3,850 日圓 ●預定 2021 年 4-5 月發售
▲珍妮娃娃系列的 Erika，紫色系的夢幻妝容無懈可擊。

真紀美紀娃娃
朋友系列　6 月 Mika 娃娃
●4,400 日圓 ●預定 2021 年 4-5 月發售
▲真紀美紀娃娃系列，白色捲捲爆炸頭超級可愛！

燈心絨褲裝套裝（11cm 的尺寸）
●1,980 日圓
●預定 2021 年 4-5 月發售
▲口袋的拼接設計時尚有型。

印花連身裙（27cm 的尺寸）
●1,980 日圓
●預定 2021 年 4-5 月發售
▲搭配皮革風腰帶。

商品洽詢 ▶莉卡娃娃城堡　https://liccacastle.co.jp
©TOMY

AZONE INTERNATIONAL
アゾンインターナショナル

除了封面的 SugarCup 娃娃，還有 KIKIPOP！和 Iris Collect 等娃娃的類型多樣。
帶起換眼風潮的角色娃娃中，也有不少人氣角色陸續登場。

◀Biscuitina ◀Candyruru ◀Chocolala

EX☆CUTE FAMILY
「大正乙女喫茶 / 風華～春戀櫻～」
（娃娃展、AZONE 直營店販售版）
●14,850 日圓 ●2021 年 4 月發售
▲長髮中分的風華是限定販售版！

◀一般販售版

▼AZONE 直營店
販售版

EX☆CUTE FAMILY
「Star Sprinks / Moon
Cat Chiika（一般販售版）、
（AZONE 直營店販售版）」
●各 16,500 日圓
●預定 2021 年 9 月發售
▲一般販售版的 Chiika 是第
一次登場的貓嘴版本。直營店
版的是微笑嘴。

SugarCups「Biscuitina、Candyruru、Chocolala
～Welcome to Sugar Cup Wonderland！～（AZONE 直營店限定版）」
●各 18,700 日圓 ●2020 年 12 月～2021 年 1 月發售

◀草莓巧克力

▶薄荷巧克力

◀天使娃娃

◀惡魔娃娃

KIKIPOP！「巧克力女僕～Bitter&Sweet～
草莓巧克力、薄荷巧克力」
●各 27,500 日圓 ●2021 年 2 月發售
▲夾式雙馬尾的設計，可享受戴上或拆下的樂趣。

KIKIPOP！「URAHARA・MY HEART
天使娃娃、惡魔娃娃」
●各 27,500 日圓 ●2020 年 9 月發售
▲膚色為純白的「白肌」。

1/6 pureneemo 角色系列
No.131「Re: 從零開始的
異世界生活」拉姆
●17,600 日圓
●預定 2021 年 8 月發售

1/6 pureneemo 角色系列
No.128「Re: 從零開始的
異世界生活」雷姆（第二次
接單生產的娃娃）
●17,600 日圓
●預定 2021 年 8 月發售

◀一般販售版的
粉嫩色系

DOLPokke No.003
『義呆利 World★Stars』
德國
●19,250 日圓
●預定 2021 年 4 月發售

DOLPokke No.005
『義呆利 World★Stars』
英國
●18,700 日圓
●預定 202 年 6 月發售

▲接續雷姆登場的姊姊拉姆。這讓希望兩個娃娃齊聚的粉
絲來說雀躍不已。這次的雷姆是第二次接單生產的娃娃。

▲Lumirange 家的純白
Milene

▶Deshar 家的漆黑
Milene

▶店面販售版的
秋色系

Iris Collect「Milene /『Kina's Fantasy
Romances』～Lumirange 家的天使～
Deshar 家的墮天使」
●各 66,000 日圓
●預定 2021 年 7 月-8 月發售
▲全高約 50cm，白色天使和黑色墮天使。

Iris Collect petit「小春 /
Hushhush*chit-cha（一般販售版）、
（AZONE 直營店販售版）」
●各 58,300 日圓 ●2021 年 4 月發售
▲全高 45cm，白金髮色為一般販售版，
暗茶色頭髮為直營店販售版。

DOLPokke No.004『鬼滅之刃』
縮小的禰豆子
●19,800 日圓 ●預定 2021 年 6 月發售
▲Picconeemo P 素體搭配假髮的設計。

1/6 pureneemo 角色系列
No.129『我的妹妹哪有這麼可愛！』黑貓
●17,600 日圓
●預定 2021 年 6 月發售
▲鄙視眼的娃娃搭配 DOLCHU
設計的妝容，實在是太可愛了！

1/6 pureneemo 角色系列
No.130『請問您今天要來點兔子嗎？』
BLOOM『智乃
●17,600 日圓
●預定 2021 年 7 月發售
▲點兔的智乃也有販售
1/6 的尺寸！！

©AZONE INTERNATIONAL
©2020 KINOKOJUCE
©Out of Base
©日丸屋秀和 / 集英社
©佚見司 / 集英社・Aniplex・ufo:able
©春紺呼世晴 / 集英社・ASCII MEDIA WORKS / OIP2
©Koi・芳文社 / 請問您今天要來點 BLOOM 製作委員會嗎
©長月達平・株式會社 KADOKAWA 刊 / Re: 從零開始的異世界生活 2 製作委員會

| 商品洽詢 | ▶株式會社 AZONE INTERNATIONAL www.azone-int.co.jp |

Nikki, Nude Body 024
●6,050 日圓
●2021 年 3 月發售
▲全紅素體搭配黃色眼睛。

迷你 momoko
「無月之夜」
●11,000 日圓
●2020 年 10 月發售
▲OBITSU 11 素體的迷你 momoko。

CCS 20AN momoko PS
●24,200 日圓　●2020 年 10 月發售
▲披著華麗絲絨斗篷的魔法師 momoko。

Today's momoko 2101
●17,050 日圓　●2021 年 1 月發售
▲因為是牛年使用黑白的乳牛色。

◀20AW momoko
金髮搭配太陽眼鏡，短靴顯得休閒輕鬆。

◀20AW momoko
PS 黑髮搭配紅色眼鏡和長靴。這是 PetWORKs 店等販售的限定版。

CCS 20AW momoko、CCS 20AW momoko PS
●各 22,000 日圓　●2021 年 2 月發售

▶這是
PetWORKs
店等販售的限
定版。女
孩是白肌搭
配藍色瞳
孔。

◀這是
PetWORKs
店等販售的限
定版。男孩是
褐色肌搭配橘
色瞳孔。

◀男孩是
pureneemo
flection S 的
男孩素體。

◀女孩素體是
OBITSU 22
素體的 S 胸。

▶女孩為一般
販售版，素體
為 OBITSU 22
的素體。

◀男孩為
PetWORKs
店限定版。

魔法之子 ruriko girl PS、boy PS
●各 20,900 日圓　●2020 年 10 月發售

Fresh ruruko 2101boy
●15,400 日圓
●2020 年 11 月發售

Fresh ruruko 2102
●16,500 日圓
●2021 年 2 月發售

CCSgirl 20AW ruruko
CCSgirl 20AW ruruko PS boy
●各 20,900 日圓　●2021 年 2 月發售、2020 年 12 月發售

六分之一男子圖鑑「B2010」
EIGHT、NINE
●各 17,600 日圓　●2020 年 10 月發售
▲簡約的居家造型，彩色髮色很可愛。

六分之一男子圖鑑「西裝造型」
EIGHT、NINE
●24,200 日圓（EIGHT）、25,300 日圓（NINE）
●2020 年 12 月發售
▲EIGHT 是休閒的兩件式西裝，NINE 是傳統的三件式西裝。

六分之一男子圖鑑「睡衣造型」
EIGHT、NINE
●各 20,900 日圓　●2021 年 2 月發售
▲輕鬆休閒的條紋睡衣造型。

六分之一男子圖鑑「醫生白袍造型」EIGHT、NINE
●各 23,100 日圓　●2021 年 3 月發售
▲白袍可說是呆萌理科男的代表性造型！

momoko™ ©PetWORKs Co., Ltd
ruruko™ ©PetWORKs Co., Ltd
六分之一男子圖鑑 ©PetWORKs Co., Ltd
Odeco&Nikki™ ©PetWORKs Co., Ltd

SEKIGUCHI
セキグチ

2020 版大家一起做的「大家一起做 momoko DOLL」是灰霧金頭髮搭配向左看的藍色眼睛。

▲顯示 MONOCHROME 身高差的雙人特寫鏡頭，分別是 27cm 素體的 BIRD 和 25cm 青少年素體的 FLOWER。

momoko DOLL
「MONOCHROME BIRD」
●14,080 日圓
●2021 年 3 月發售

momoko DOLL
「MONOCHROME FLOWER」
●14,080 日圓
●2021 年 3 月發售

大家一起做
momoko DOLL
2020
●7,700 日圓
●2021 年 2 月發售
▲2020 大家一起做的 momoko DOLL 是深藍色瞳孔搭配灰霧色金髮。

momoko DOLL
「無月之夜
Daybreak 版」
●14,080 日圓
●2021 年 1 月發售
▲頭髮內層的顏色用薄荷色來突顯出個性感造型，在 AZONE Labelshop 限定販售。

momoko DOLL
「Fruity Black
Honey」
●14,080 日圓
●2021 年 1 月發售
▲在淺草橋的夢奇奇咖啡廳「+secret」等店限定販售。

U-noa Quluts light
「西裝造型加黑髮」
Azurite、Fluorite
●各 16,500 日圓
●2021 年 1 月發售
▲黑髮西裝的 Azurite 和 Fluorite，在「+secret」等店限定販售。

U-noa Quluts light
「西裝造型搭配粉紅米髮色」Azurite、Fluorite
●各 16,500 日圓
●2021 年 1 月發售
▲明亮粉紅色系髮色的 Azurite 和 Fluorite 也在「+secret」等店限定販售。

| 商品洽詢 | ▶株式會社 SEKIGUCHI 客戶服務中心 0120-041-903 |

momoko™ ©PetWORKs Co., Ltd. Produced by SEKIGUCHI Co., Ltd.
©GentaroAraki / Renkinjyutsu-Koubou, Inc.

KADOKAWA
カドカワ

源自「五星物語」作家永野護完全監修，由六分之一男子圖鑑 EIGHT 和 momoko 2 個娃娃分別扮演戴古和克莉絲汀 V。

「五星物語」
momoko 克莉絲汀 V
●39600 日圓
●預定 2021 年 8 月發售

「五星物語」
EIGHT 戴古・費摩爾
六分之一男子圖鑑
●50600 日圓
●預定 2021 年 8 月發售

| 商品洽詢 | ▶ebten 內「Newtype Anime Market」 https://ebten.jp.newtype/ |

©EDIT / 六分之一男子圖鑑 ©PetWORKs Co., Ltd
©EDIT / momoko™ ©PetWORKs Co., Ltd

COCORIANG
ココリアン

Groomy 的膚色和 Dollybird Taiwan vol.02 特刊「Hug me Poi」一樣是蜜桃肌，期間限定販售。大家可以在日本銷售代理店 risubaco 訂購，千萬不要錯過這次機會！

◀有無化妝和服裝的價格不同，請依個人喜好訂購！

▲▶臉的部件有分開口、閉口和閉眼共 3 種類型。

▶最新娃娃 Groomy 為垂耳搭配捲捲瀏海，超級迷人。

「Groomy」
●22000 日圓～（價格會因為選裝而有所不同）
●2021 年 4 月開始接單

| 商品洽詢 | ▶risubaco http://www.risubaco.net | ©cocoriang |

GOOD SMILE COMPANY
グッドスマイルカンパニー

Harmonia bloom 原創系列新作，以三色堇和玫瑰為主題帶可愛造型，
還有豐富的洋裝和小配件，提升遊玩的樂趣！

Harmonia bloom 居家服
●各 3,850 日圓　●預定 2021 年 8 月發售
◀▲由 Rico*(vanilatte)設計，襯裙下還有襯褲。

Harmonia bloom 鞋子系列　工作靴
●各 2,800 日圓　●預定 2021 年 6 月發售
▲合成皮製，有駝色、深棕色、黑色 3 種顏色。

Harmonia bloom「玫瑰」
●37,000 日圓
●預定 2021 年 5 月發售
▲俐落的短髮美人，身著花瓣層疊的裙子甚是迷人。

Harmonia bloom「三色堇」
●37,000 日圓
●預定 2021 年 6 月發售
▲超過下巴的內捲鮑伯頭，加上粗粗的眼線，造型時尚。

◀黏土娃「鏡音鈴」
●6,930 日圓　●預定 2021 年 10 月發售
◀也有分別單獨販售鏡音鈴和鏡音連的服裝套組（各為 4,200 日圓）。「鏡音連」

◀服裝套組還包括 PVC 製的頭飾和鞋子。
黏土娃「貓耳女僕：小雪」
●6,800 日圓　●預定 2021 年 9 月發售

黏土娃「貓耳女僕：小櫻」
●6,800 日圓　●預定 2021 年 9 月發售
◀也有單獨販售服裝套組「和風女僕裝櫻色／雪色」，各為 4,200 日圓。

商品洽詢　▶株式會社 GOOD SMILE COMPANY　https://www.goodsmile.info

©GOOD SMILE COMPANY
©Crypton Future Media, INC. www.piapro.net

Phat company
ファットカンパニー

接續小紅帽的吊帶睡裙系列，在 GOOD SMILE COMPANY
線上商店、AZONE 直營店、amiami 都在販售中

▲Noir 附藍色、Blanc
附紅色椅子。椅面可以
掀起，收納小物。

Pardoll「小紅帽」
●15,180 日圓　●2021 年 2 月發售
▲由 Ryuntaro（Ryunryun 亭）和齋藤藤滿（Phat!）
製作原型。全高約 14cm，為可動娃娃。

Pardoll「愛麗絲」
●價格未定　●預定 2021 年秋天介紹
▲愛麗絲是接續在吊帶睡裙系列之後的企劃！集結換裝
遊玩的人形和娃娃的優點！

Pardoll「吊帶睡裙
Blanc / Noir」
●各 10,780 日圓
●2022 年 2 月發售
▲由 Rico*(vanilatte) 製作服
裝。各附有 2 種臉和 2 種手腕，
接單至 5 月 12 日！

商品洽詢　▶株式會社 Phat company　http://phatcompany.jp

©PHAT!

OBITSU
オビツ製作所

Dollybird Taiwan vol.04 特刊「尾櫃制服計畫」中登場的新作奧村美也！
OBITSU 26 的 L 胸身材真是太犯規了！讓人受到強烈震撼！

尾櫃制服計畫 0007
「奧村美也」
● 16,500 日圓
● 預定 2021 年 7 月發售

◀奧村美也是完全接單的商品。樣式為 8mm 的尾櫃瞳和植髮頭蓋，另外還附上無植髮的頭蓋。

◀契合夢想中音樂系學生形象的貝雷帽和吊帶裙。

▶跳脫過往計畫娃娃的內衣設計，制服下穿這樣的款式，是不是太超過了！！

©OBITSU

「EMMA Vol.2 Cocoa」
● 13,750 日圓　● 預定 2021 年 5 月發售
▲Cocoa 是巧克力棕的捲髮，厚鞋底則各有專屬的顏色。

「EMMA Vol.2 Aquamarine」
● 13,750 日圓　● 預定 2021 年 5 月發售
▲Aquamarine 是粉紅金的直髮。附上不鏽鋼盤和 2 種手腕。

商品洽詢 ▶OBITSU SHOP　https://www.obitsushop.com

PUYOO DOLL
プヨドール

Dollybird vol.30 特刊的「KUMAKO」持續進化中。男娃「KUMAKO BOY」和新臉模「KUMAKO EGG」登場！不管哪一個都超可愛的！

Kumako Fashion
「KUMAKO×POMPOM
草莓牧場套組」
● 各 11,880 日圓
● 2021 年 2 月發售
▶和蘿莉塔品牌 POMPOM 的聯名商品，販售時沒有附娃娃。

KUMAKO BOY　你喜歡可愛男孩嗎？

Kumako Boy 「KAKA」「KUKU」
● 各 48,800 日圓　● 發售時間未定
▲第一次只販售基本套組，肌膚為奶油肌和普通肌 2 種顏色。

◀表情酷帥的 KAKA，為嘴巴緊閉的造型。

▲男娃素體的軀幹可以上下分開，仔細端詳可看出男孩的輪廓……

▶眼睛稍微下垂的 KUKU，為嘴巴小巧的造型。

KUMAKO EGG　好上妝的新臉模

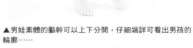

Kumako Egg 01
● 13,200 日圓
● 2021 年 3 月發售
◀販售 Kumako 客製化的無妝容娃頭，沒有附上素體。

▲人氣娃娃改妝創作者汽水圓（@nyako_030）的化妝範例。

▲這是琥珀的化妝範例，服裝為 Kumako Fashion「水果塔」。

商品洽詢 ▶PUYOO ART&CREATIVE　http://www.puyoodoll.cok

商品洽詢 ▶株式會社 VOLKS　dollfie.volks.co.jp

©Crypton Future Media, INC. www.piapro.net piapro
©龍騎士 07/ 07th Expansion
©GALERIE DE L'ESPRIT ALL RIGHTS RESERVED
創意建模©VOLKS・造型村

VOLKS
ボークス

預計 4 月 18 日在東京國際展示中心舉辦的「Dolls Party45」將展示新作 Dolphy 娃娃！歡迎大家來到線上商店或 VOLKS 店家將娃娃帶回家！☆

ひぐらしのなく頃に

暮蟬悲鳴時
MDD「龍宮蕾娜」
●64,900 日圓
●2021 年 4 月發售

◀備受注目的龍宮蕾娜，是以龍騎士 07 的原著設計為基礎，打造出 MDD 的可愛感。套組內容還包括柴刀。

MEIKO

DD「MEIKO」
●72,600 日圓
●2021 年 4 月發售
▶piapro 角色 DD 的最新作正是 MEIKO 姐！特徵是紅色短上衣和迷你裙，造型酷帥！還附上立式麥克風，規格豪華。☆

系列 15 週年！「回憶的街道，原宿」

▲「Galerie de l'esprit」秋冬造型為古典混搭風，三人三種風格，穿搭完美！

右：SDGr 女孩「露西婭古典風造型版」
●106,700 日圓　●2021 年 4 月發售
緊身褲搭配包鞋，稍微呈現姐姐風。

中：SD 女孩「麗澤洛特 Galerie de l'esprit 2021 秋冬版」
●104,500 日圓　●2021 年 4 月發售
緊身束腰加長裙的少女格紋穿搭。

左：SD 女孩「夏洛特 Galerie de l'esprit 2021 秋冬版」
●104,500 日圓　●2021 年 4 月發售
小披風加短褲的活力造型。

Galerie de l'esprit
想いでの街 原宿
15th Anniversary

商品洽詢 ▶株式會社 GROOVE　https://www.jgroove.jp

©Cheonsang cheonha. All Rights Reserved.
©CLAMP・ST／講談社・NEP・NHK
©POWER-BOM.
©RIBBON ROCKET Co., Ltd.
©1996, 2021 SANRIO CO., LTD.
©HEADWAX ORGANIZATION CO., LTD.

GROOVE
グルーヴ

從「庫洛魔法使」到布丁狗、HIDE，廣泛和各界合作，聲勢浩大的 PULLIP 家族。

PULLIP「Minervaly」
●25,300 日圓
●2021 年 3 月發售
◀羽毛外套以呼喚幸福的鳥為主題所設計。長髮的分量也很驚人。

PULLIP「Evangeline」
●24,200 日圓
●2021 年 4 月發售
◀可愛兔耳洋裝下藏有性感的束腰造型。

PULLIP「Vesta」
●預定 2021 年 5 月發售
◀彷彿從宗教畫走出來的華麗套裝。眼淚部件是貼紙。

PULLIP「木之本櫻」
●24,200 日圓
●預定 2021 年 5 月發售
◀以庫洛魔法使透明牌篇的粉紅裝扮出場！

PULLIP「Maron」
●24,200 日圓
●2021 年 2 月發售
◀這是和時尚品牌「TRAVAS TOKYO」的聯名造型。

PULLIP「Ribbon chan」
●24,200 日圓
●2021 年 1 月發售
◀這是和原宿系品牌「HEI HEI」的首次聯名。衣服上有滿滿的格紋設計。

Isul「布丁狗」
●24,200 日圓
●2021 年 3 月發售
◀迎接 25 週年的布丁狗聯名娃娃！背包也很可愛。

TAEYANG「HIDE The First Era "San version"」
●30,800 日圓
●2021 年 2 月發售
◀以 HIDE 剛出道的紗麗服裝為形象概念，還有附吉他。

QP & peu connu FUN! ～人形穿搭服飾展～
at Perry House Gallary

2020 年受到 COVID-19 的影響，許多娃娃展的活動都無法舉辦。
即便面臨嚴峻的疫情，各位創作者的熱情猶在，手法精巧毫不生疏。
在創作中呈現出的袖珍精緻之美，仍然令人大飽眼福！而且透過採訪體驗讓我們得以再次細細品味。
在因應感染對策的情況下，創作者 QP 和 peu connu，
以及所有的相關人員依然交出令人驚豔作品，我們對此給予最崇高的敬意。

2020.11.19～2020.11.24

▲會場有限制人數，還規劃成讓人放心參觀的空間。開心地看向窗戶，就可以看到踩著縫紉機的 momoko。

▲會場有許多袖珍創作者樽貓創作的 1/6 娃娃屋。這個地板！這個凸窗！

▲1/6 紅髮安妮的房間！！開心拍照。

▲透過 peu connu 的魔法巧手，將極細的喀什米爾編織成考津長版針織外套，還有清晰的麋鹿圖騰。娃娃的髮辮也很美！

▲peu connu 製作的針織服和裙子套裝，還配上由 QP 製作、可現場購買的貝雷帽。

▲有美麗刺繡的民俗風新娘造型。雖然披肩很美，但是又不想遮住刺繡，真是難以取捨的搭配。

▲令人讚嘆不已的針織作品，旁邊還展示了織棒，這麼細，應該是針吧！

▲娃娃和袖珍屋迷的夢想，放滿書本的書櫃！！以如此精美空間為背景，拍張照片吧！

▲材料和質感都不同的白色組合，正想著這樣的搭配真是美麗，仔細一看上衣的內搭，竟然還有繁複的細褶設計！

▲連身裙的貓咪圖案由 MAKI 所設計，歐根紗做成的外套，縫份究竟是如何處理的？令人完全摸不著頭緒。

▲發現穿搭時尚的 momoko 們，鋼琴袋和耳罩讓造型更完整。

KIKI POP ! Fes 2020 in AKIHABARA

at Azone Labelshop AKIHABARAA

KIKIPOP!今年也照例舉辦了活動，人氣娃娃創作者都競相展示出美麗的作品。
2020 年的主題是「天使和惡魔」，除了有知名創作者創作的 ONE-OFF 娃，
還有販售突擊莉莉的聯名商品，和有七海喜 tsuyuri 全新繪製的 T-shirt 連身裙，
活動中充滿各種有趣新穎的企劃。
大家也可以看到 KINOKO JUICE 展示的新作，令人期待之後的發展！！

2020.12.26～2021.1.17

SUGAR & SPICE
「新任天使 & Angel 娃娃」

▲用粉紅色在眼尾畫出貓眼的眼線，超可愛！還有手機、糖果和可拆裝的吐舌部件。

椛
「L」

▲「L」身穿美麗的漸層服裝，從純白色轉為鮮豔的粉紅色。指甲的染色和瞳孔的愛心等處處都是細節。

babydow
「大和惡魔子木偶」

▲木偶娃娃長出可怕的指甲和獠牙，讓娃娃的風格丕變。穿上色調樸實的和服反倒變得很性感？

Out of Base×紅色相機
「你喜歡我嗎」

▲由 Out of Base 巧手描繪的妝容，搭配紅色相機設計的皮革和中國風的混搭服飾，絕妙相襯！

FunnyLabo×Sleep
「小惡魔 CandyBuudy」

▲Sleep 的兔耳點點連身裙，搭配 FunnyLabo 的小惡魔妝，黑色和紫色的色彩搭配實在可愛。

MikyWay*
「天使休息日」

▲色調清淡的休閒造型，添加了耳環和小背包，時尚的外出裝扮，再搭配適合出遊的淡妝。

雨蘭
「Sweet Nightingale」

▲橘色眼線和睫毛是很特別的改妝。穿上可愛薄紗護士服化身為時尚的南丁格爾。

Daisy-D×KINOKO JUICE
「漆黑」

▲及膝的純白連身裙和有漆黑長袖的及踝洋裝組合，相當華麗的作品。還可以裝上假領片，充滿穿搭之樂。

FunnyLabo×紅色相機
「cute pop devil」

▶眼睛中央有個大大的愛心，還加了閃亮的藍色系亮片統和色調。紅色相機的服裝也很時尚！

FunnyLabo×*mion*
「Sweet baby pop」

◀眼睛中央有個大大的愛心，還加了閃亮的藍色系亮片統和色調。紅色相機的服裝也很時尚！

©2020 KINOKOJUICE/AZONE INTERNATIONAL

突擊莉莉×KIKIPOP！「白井夢結」「一柳梨璃」

▲由紅色相機設計衣服，KINOKO JUICE 改妝的聯名娃娃，還真的有幾分相似，真是太神奇了。

It's a piece of cake 「POP'N☆CANDY」「耳飾」小物套組

▶販售可穿戴在 KIKIPOP！娃娃身上的可愛耳飾和棒棒糖。雖然是假的，但是看起來依然可口！

PinkPopcorn 「她是天使？」服裝套組

▶絨毛材質看起來暖呼呼的套裝組，包括 Fleece 毛絨連帽衣、內搭和裙子。還附上綠色愛心的天使髮夾。

☆CHOCOMERO☆ 「Sweets Angel☆Candy Devil」服裝套組

▲讓人眼睛為之一亮的點點連身裙套組。這個作品的衣服單獨販售，圍裙和頭飾都超可愛！！

The Buttercup Chain 「Miss Candy Twist」服裝套組

▲綠色和黑色的配色樸素，卻微妙搭出時尚感的服裝套組。設計成圓狀黑色薄紗的髮飾好像貓熊的耳朵，超級可愛。

allnurds 「dark side & light side」服裝套組

▲套衫和高腰褲的服裝套組，背後還背著羽毛的可愛造型。

MIYUKI COLLECTION 「apprentice angel」服裝套組

▲洋裝設計了大量的荷葉邊，淡淡的櫻色搭配銀色的緞帶。雖然有點不明顯，但是背後有一個偌大的薄紗蝴蝶結。

▲活動會場還可以購買到出自七海喜 tsuyuri 全新繪製的 T-shirt，長度稍長，所以還可以當成連身裙穿喔！

KINOKO JUICE 原創娃娃 「LUNA」「SHIZUKU」

▲KINOKO JUICE 製作的樹脂製球體關節人形新品，分別是真實風妝容的 LUNA 和夢幻妝容的 SHIZUKU。

KINOKO JUICE 「KINOKO 天使娃娃」

▲活動限定販售的 KIKIPOP！這是 KINOKO JUICE 將「my 天使娃娃」重新改妝的作品。

夢幻

紙娃娃

12

來自水野純子世界的換裝娃娃，充滿魅力！
剪下紙娃娃，沉浸於換裝的樂趣吧！
這次的娃娃來自漫畫『Fancy Gigolo Pelu』Vol.1（2003），分別為
自由奔放的磯和天真爛漫的渚，這對雙胞胎海女是小漁村的觀光特色。
她們擁有特殊的能力，兩人潛入海底時能吸引大量美味的海鮮自動群聚
而來，因此一直都能滿載而歸！過著富饒精采的生活！

在海邊休息放鬆的衣服，還是在海邊感到最平靜。

兩人一起上街穿著的服裝。
或許平常都習慣吃新鮮的食物，
磯來到街上變得喜歡
買熱狗或可麗餅來吃。

我是磯，今天要和第5個男朋友約會喔！

雖然會帶著工作服，但是還是喜歡裸泳
潛水，所以通常都會馬上脫掉。

拿手菜焗烤牡蠣

今天也大豐收！受雙胞胎吸引捕獲的海鮮
看起來也很幸福。

也沒忘了磯的潛水鏡！

用牡蠣殼做的項鍊，中間的珍珠
也是自己採收來的。

髮飾

跟著兩人回家的海兔，
雙胞胎一開始還覺得很可愛，
但是最近爬進家中，
讓兩人很頭痛。

來到街上的渚是購物高手，
總是時刻留意找出
最優惠的商品。

這是媽媽過去喜愛而大量購買
的布料，兩人將這些布料縫製
成最愛穿的休閒裝。

從媽媽開始用到現在
的復古電子鍋，媽媽
也曾是海女。

心血來潮時，兩人會開著
「雙胞胎餐車」兜售用新
鮮海鮮做成的便當。

我是渚！我還在想該怎麼烹調剛捕獲的海鮮！

最受歡迎的餐點，500日
圓的「極品海膽蓋飯」，
因為兩人是海女，才會有
如此驚人的優惠價格。

107 水野純子：漫畫家兼插畫家 官網：http://www.MIZUNO-JUNKO.com　Twitter：twitter.com/Junko_Mizuno　Instagram：@junko_mizuno_art

Let's Make "Paper Craft Dolly Furniture"

Dreaming Tiny Room

#7 Picnic Set

先組裝蓋子，
再組裝把手

用手指彎出弧度

使用工具
美工刀、錐針、尺規、木工用接著劑、牙籤、切割墊、三角旗幟的連接線

作法
①像描圖般用錐針沿著摺線劃出紋路會比較容易摺紙。（劃太用力會有損紙張印刷圖樣，還請小心！）
②剪下全部的部件，分別摺出摺痕。
③先試著組裝成型，了解組成的樣子後再黏合組裝。

要領
• 用牙籤沾取最少量的接著劑薄薄地塗抹開來，組裝時就不容易因為接著劑的水分使紙張彎曲。
• 組裝完成時，若有超出邊緣的紙張或有部件歪斜的情況時，請修剪調整。

"Betsy McCall" is a registered trademark licensed for use by Meredith Corportation designed by MAKI

Picnic Basket

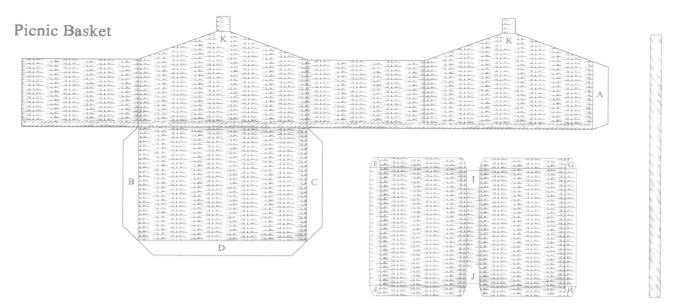

Flag Garland

將三角旗幟夾住喜歡的線，並且黏貼在選定位置

Record Player & Record

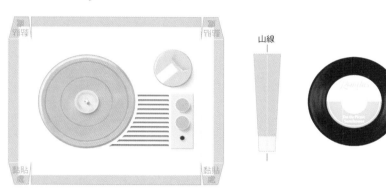

山線

Record Cover

Romelies

Romelies
Du da Picnic Sunshower

塗上少許的接著劑

Picnic Basket

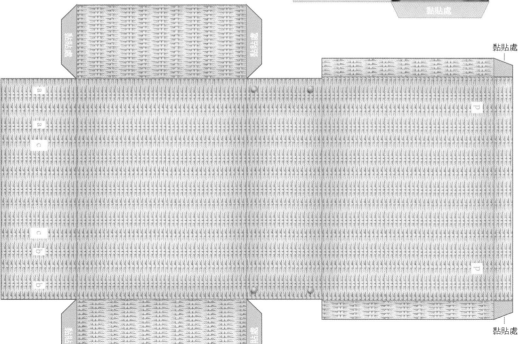

黏貼處

黏貼處

把手　　皮帶　　皮帶扣

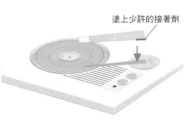

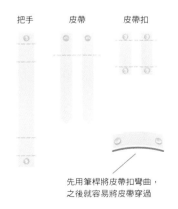

先用筆桿將皮帶扣彎曲，
之後就容易將皮帶穿過

High Tea Stand

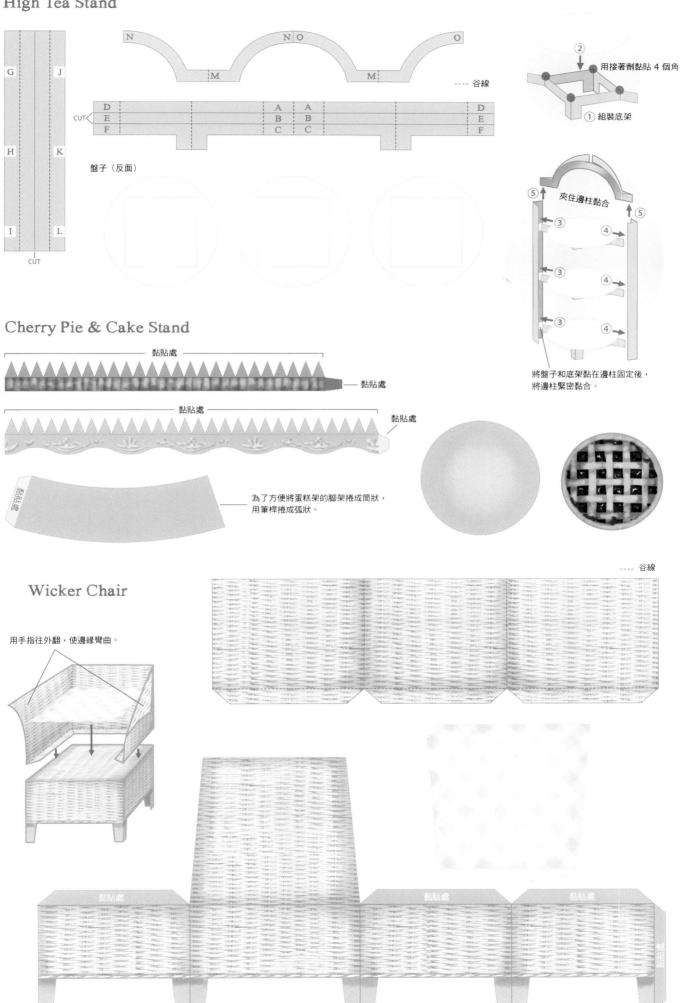

盤子（反面）

----- 谷線

用接著劑黏貼 4 個角

① 組裝底架

夾住邊柱黏合

將盤子和底架黏在邊柱固定後，
將邊柱緊密黏合。

Cherry Pie & Cake Stand

黏貼處

黏貼處

黏貼處

黏貼處

為了方便將蛋糕架的腳架捲成筒狀，
用筆桿捲成弧狀。

----- 谷線

Wicker Chair

用手指往外翻，使邊緣彎曲。

黏貼處　　黏貼處　　黏貼處

※使用利剪剪時請千萬小心。本刊收錄的插圖、設計未經授權禁止複製或用於商業用途。©Dreamin' Tiny Pets by MAKI

G
H
I

J
K
L

M M

黏貼處   黏貼處   黏貼處